U0144625

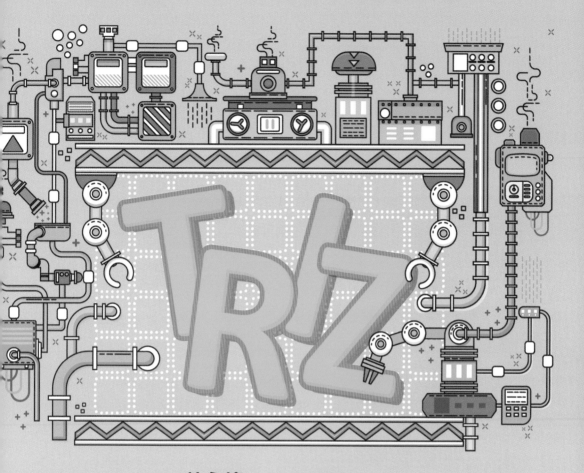

林永禎—————編著

商業管理萃思

理論與實務　讓你發明新的服務

五南圖書出版公司 印行

發明新服務的利器，商業管理萃思

我最近在我任職的胡璉文化藝術基金會推動「有溫度（COP-Care of Person）會感動（SOE-Surprise of Experience）的服務標準作業流程（SOP-Standard operation Procedure）獲得許多回響，看了林永禎教授的《商業管理萃思理論與實務：讓你發明新的服務》時讓人驚艷，這絕對是本值得商業管理參考的好書。

我多年來從事創意的教學與訓練，看到學生在社會各行各業發揮創意顯露頭角，深刻體會：知識日新月異，創新、創意、創造力變成未來的核心智能。因為創意是：

企業永續經營邁向卓越的活水源頭；

人力資源開發以及管理的成功要素；

現代及未來人類所必須具備的能力；

更是教養及學校教學成功不二法門；

企業沒有創意，組織發展缺乏競爭力；教學缺乏創意，學生的學習索然無味。

林永禎教授是我 40 多年前在基督教互談會開設創造力課

程的學生，如今他的成就讓我刮目相看，最近完成一本商業管理創新方法的教科書《商業管理萃思理論與實務：讓你發明新的服務》，本書架構主要是國際商業萃思協會（IBTA）基礎認證內容內容，包含問題觀點圖、創新問題情境問卷、理想解決方案、資源分析、根源矛盾分析、40 發明原理、矛盾矩陣表、點子評估和篩選、點子實施和優化九個工具，分為三篇十章。

這本書的內容除了文筆流暢，淺顯易懂外，敘寫的方式採理論與實際兼顧，採用他多年教授商業管理萃思方法課程與指導商業管理萃思碩士論文的經驗，整理出一套系統化創新與發明新服務的技術，將深澳的理論用實例、故事及口訣讓學生能掌握商業管理創新的要訣，的確令人讚嘆。讓我感受最深的是

第一：以學生的需求為導向：作者在教授商業管理萃思相關課程的過程中，了解學生不需要太多工具，只需要將基本工具介紹清楚，案例比較生活化，淺顯易懂，容易應用，能盡量應用在處理工作或生活問題，因此本書的撰寫就是以此理念為基礎。

第二：為了讓初學者比較容易掌握商業管理萃思具的精神。作者特別在每章最後採用口訣創意教學，例如：

* 商業管理萃思行

詳蒐問題寫情境

　　拆解情境列觀點

　　導向觀點畫為圖

　　分類計算觀點分

　　頂分觀點挖原因

　　每個原因找正面

　　有正有負是矛盾

　　矛盾矩陣解矛盾

　　查找矩陣找原理

　　利用原理想創意

　　評估創意排順序

　　執行優先的創意

　　以類似七言絕句的七字訣，點出各種創新工具方法單元的精神要點。

　　我在大學擔任創造力技法也常介紹「TRIZ」：TRIZ 中文翻譯為「萃思」除取諧音外，亦隱含有「萃取思考智慧的意思，也就是說，應用這個方法是萃取智慧所產生的心血結晶。」意涵「萃取思考的智慧」譯名與 TRIZ 的原意及發明過程十分吻合。林永禎教授已經在前年出版《TRIZ 理論與實務：讓你成為發明達人》一書，也邀我寫序，才經過兩年，林教授又完成 TRIZ 轉化運用到商業管理方面的大作，幫助許多讀者可以用來發明新的服務。

　　商業管理創新是組織產生新的思想並將其轉換爲有用的做法（產品設計、服務方式或作業方法）的過程，最終目的是創造新的價值，這個價值是組織想要的，不論是賺到許多錢，變成更有名，還是幫助更多需要幫助的人等都可以。一個有創造力的組織能夠不斷地將所產生的新思想轉變爲某種有用的結果。如果有許多人學習這方法改善了自己的工作與生活，這個世界會變的更美好。這些有利國計民生的理念，我也十分認同！

　　本書的特色如下：每一章以口訣當作總結，幫讀者建立記憶重點。每個主要的技巧，都附上林教授指導學生實際應用在工作上的案例。林教授是台灣唯一數次參加國際商業管理萃思研討會發表的作者。本書提出林教授自己把商業管理發明原理分類的方式。是萃思類書籍中文字最淺顯易懂、口語化的教科書。本書完稿之後，林教授找了 5 位學生試讀，蒐集學生回應的意見，修改較難懂的文字或補充學生較無基礎的部分，使更通暢、易讀。本書將 10 章分爲 3 篇，每 1 篇有共同的特色。

　　讀者閱讀本書可以有系統瞭解商業管理萃思的定義與歷史；能運用商業管理萃思工具，分析所遭遇的問題，產生新的解決方案；對複雜龐大的問題，能夠拆解，找出重要之部分；有系統的挖掘問題的原因，不要頭痛醫頭，腳痛醫腳；有系統的解決左右爲難矛盾情況之創新方法；對許多新方案，進行評估並選出最適合的、能快速執行的方案；可分析原有服務方式

之問題，產生新的服務方式。

　　繼前年接到林永禎教授的信告知我是他創新方面的啓蒙者，爲他第一本創新的書寫序，今年又再次受邀寫序，我欣然允諾。4 月 21 日爲「世界創意與創新日」，全世界都越來越重視創意與創新，甚至訂出紀念日，商業管理萃思這方法也是世界創意與創新重要的一個環節，樂於爲序。

社團法人中華創造力訓練發展協會理事長
財團法人金門酒廠胡璉文化藝術基金會董事長

林龍章　教授

2023 年 3 月 20 日

創新不用靠運氣迷思，而要靠商業管理萃思！

「你的創新都是靠運氣，下次不會有這麼好的運氣了！」不知道您是否在生活中聽過這樣潑冷水的話語呢？那您聽完又有什麼樣的感受呢？我相信感受不會太好，甚至有種不服氣的感覺。我們都渴望自己能擁有有一套創新系統方法論，而且是可以實務上執行得出來的，就不會出現眼高手低的窘況。只是奢望歸奢望，心裡還是希望避免這樣的窘況不斷發生，今天有本書想跟大家分享，那就是《商業管理萃思理論與實務：讓你發明新的服務》。

為什麼不用傳統萃思就好，而是需要商業管理萃思呢？在我拜讀完《商業管理萃思理論與實務：讓你發明新的服務》後我也有新的學習。在我看來，傳統萃思主要用於思考和解決個人或團隊面臨的技術研發問題和挑戰，強調發散性思維和創造性思維，這是好的開始，但可能溝通協調上收斂會花費很多時間，畢竟各談各的調，整合花費更多時間。商業管理萃思則更多地應用於產業、商業和組織領域當中，發掘新商機與解決商業問題，更強調實用性、整合性，所以我們不是隨意發散，而

是有其目的與目標。

在《商業管理萃思理論與實務：讓你發明新的服務》一書中，作者林永禎教授深入淺出地分享有關商業管理萃思的理論和實務應用，每一篇章後面也都有清楚的資料出處，完全是教科書等級的寫法！而我覺得《商業管理萃思理論與實務：讓你發明新的服務》邏輯清晰，雖然內容分量很重，但結構清楚不會影響吸收，這是我覺得很不容易達成的成就。

《商業管理萃思理論與實務：讓你發明新的服務》此書主要分成三個篇章，其內容包含商業管理萃思的基本觀念、工具、運作方法、發明原理等，並且每個章節都有相關的實作演練與萃思小結，是很用心規劃的框架整理。

第一篇商業管理萃思導論：

作者介紹了商業管理萃思的基本觀念、緣起、定義、架構、組織與活動等，讓讀者了解商業管理萃思的背景和概念。這一篇非常重要，因為它讓讀者對商業管理萃思有一個整體的認識。在這篇章也可以看到作者對商業管理萃思涉入很深，是亞洲罕見參加商業管理萃思國際活動的人。

第二篇基本工具的運作方法（解決矛盾）：

介紹商業管理萃思的基本工具，包括問題觀點圖、創新問題情境問卷、理想解決方案、資源分析、根源矛盾分析、40

發明原理、矛盾矩陣表、點子評估和篩選、點子實施和優化等。每個工具都詳細介紹了運作方法和實作演練，讓讀者更容易掌握這些工具的運用。工具中附上永禎教授指導碩士研究生運用工具在實際的管理或服務方案上之清楚過程，可以提供管理、培訓或人資部門參考使用。

在這篇也提到提高品質、降低成本、新增收入、減少瓶頸，這些商業管理的任務，在分析問題階段可以採用哪種工具，在產生創意階段可以採用哪種工具。

第三篇商業管理發明原理：

深入探討了商業管理萃思的發明原理，包括「原則類」發明原理、「操作類」發明原理和「對象類」發明原理，共40個發明原理。通過學習這些發明原理，可以幫助讀者更好地解決商業管理中的問題和創新。在這篇所提到商業管理類的發明原理與原本產品設計類的發明原理，雖然名稱相同，但是內容已經有很大的轉化，更適合用來發明新的服務。

而讀者也可以透過「商業管理萃思導論→基本工具運作方法→商業管理發明原理」循序漸進的結構，更容易理解商業管理萃思的本質，並學會如何運用這些工具和方法解決問題和創新。

不僅如此，在 AI 人工智慧時代來臨的今天，商業管理萃

思和 AI 人工智慧可以互相合作，以實現更好的商業管理和創新。商業管理萃思的工具和方法可以用來解決 AI 人工智慧中可能出現的問題，例如控制算法的不確定性，解決複雜的決策問題等等。同時，AI 人工智慧也可以用來幫助商業管理萃思更快速和準確地進行問題解決和創新，例如利用機器學習和大數據分析來優化商業流程，發現新的商業機會等等。綜上所述，商業管理萃思和 AI 人工智慧的合作可以讓企業更加創新和競爭力更強。

《商業管理萃思理論與實務：讓你發明新的服務》是一本非常實用的商業管理工具書，這本書的內容非常豐富，非常適合各行各業的管理者和創新者進行閱讀和學習。如果你想要學習如何發明新的服務，那麼《商業管理萃思理論與實務：讓你發明新的服務》這本書是您非常棒的好選擇。誠摯推薦！

振邦顧問有限公司執行長

趙胤丞

把創新原理放進生活，你會發現人生有更多的選擇性！

其實邀請我推薦這本書，我是受寵若驚，因為我完全對於萃思（TRIZ）就是個大外行。畢竟我是一個溝通跟表達的培訓師，而不是創意與解決商業問題的專家。然而我自己在上一本永禎教授的《TRIZ理論與實務：讓你成為發明達人》中，得到了許多溝通的靈感。

舉例來說，當我們遇到跟對方吵架的時候，我們的做法往往是捍衛自己的觀點。而當我們捍衛時，往往就會不想聽對方說話，甚至有攻擊對方的情況產生。而其實這個概念就跟萃思說到的「技術矛盾」非常相似，當我們思考自己時，會惡化與對方的關係，然而都照對方做的時候，又會造成自己的委屈。

所以我們就可以採用教授之前說的「顧此失彼找交集」，我們先找到有什麼辦法能找到一個最小彼此能夠接受的方式，並且慢慢的推進，找到其他的可能性。因此，雖然上一本書講的是發明，但我卻從中看見更多的是靈活性。當我們把裡面提到的創新原理放進生活後，你會發現其實人生其實有更多的選擇性。

　　說了這麼多上一本書，其實只是要說萃思不只是一個發明工具，更是一個解決問題的工具。如果上一本更專注在發明，那麼這本書則是專注在如何解決一些商業，甚至生活上的一些問題。

　　例如裡面有提到一個案例，是里長想要解決里民小孩的課後照顧問題，但卻苦無作法，這聽起來是不是不太創新，而是大部分人都迫切要被解決的問題？而教授透過了創新問題的情境問卷表格，把問題、條件、關鍵，評估放上後，你就能掌握這個問題中幾乎所有的現況。接著我們開始思考，我們能夠改變這個問題中的哪個變項，調整不同的關鍵環節，我們就能從這中間找到解決問題的方法。

　　也許你會說，可是就算不用萃思方法，我可能還是可以找到可行的方法啊。沒錯，我們其實都能找到方法，但我覺得這本書最棒的一件事，是它讓每一個解決方法的背後，都有可以依循的邏輯，並且有更多的可能性。

　　例如我們找到的解決方法，會不會要付出的成本太高呢？又或是我們雖然解決了問題，但有沒有效果更好的方法呢？然而萃思提供了各種可能的元素和檢核方法，就能讓你在解決問題時，透過一項又一項的核對，找到最符合的作法。也因此你會在書中看到，每一個解法都有對應的萃思原理，也許不是每一個原理都能被用上，但透過不斷的腦力激盪中，找到相對來

說可行，效果最好的做法。又或是透過比較，找到付出成本或代價最低的方法。

也許，你可以想想最近困擾你的一件事，透過這本書的帶領，你一定能夠慢慢的拼湊出問題的原貌，最終找到屬於你的解決方案，甚至讓這件事成為一個好的服務！讓這本《商業管理萃思理論與實務：讓你發明新的服務》不只幫你找到解法，更能夠看到問題的本質，並且創造更佳的可能性。

溝通跟表達培訓師

張忘形

不要手裡握著槌子，看到的世界都變成了釘子

「爲什麼矛盾矩陣所提供的發明原理，無法想到適合的解決方案」。一般而言，若擁有對該領域的專業，解讀矛盾矩陣給的指引方向，應該不是問題。然而，我在剛開始學萃思（TRIZ）時，在找到「相對應的參數」及「發明原理」後，卻不知該如何解讀，當時以爲是自已領域專業不足的關係所造成的，到後來才發現，若要用萃思解決商管領域的問題，不能用傳統的技術矛盾矩陣，必須要用商業管理矩陣才對。在當時我發現有許多的講師跟顧問都用錯了工具跟矩陣。這讓我想起查理蒙格所說的一句話「不要手裡握著槌子，看到的世界都變成了釘子」，尤其對於講師與顧問而言更是如此，戴起以專長爲名的眼鏡看世界、看著客戶的問題，總是認爲自已的專長與方法，可以解決所有的問題。但現實並非如此！直到認識作者之後，我才知道萃思原來還有另外一片天 —— 商業管理萃思。

在得知作者準備出版《商業管理萃思理論與實務：讓你發明新的服務》一書時，我非常的開心，因爲目前台灣市面上並沒有太多介紹商業管理萃思的中文專書，也沒有太多的講師與顧問講授商業管理萃思的課程，這讓我們很難一探商業管理萃

思（Business TRIZ）的秘密；再者，身為創新顧問的我，也希望能使用更適合的工具與方法論，來協助客戶們解決問題。

若要用一句話說這本書在談什麼，這本書主要是介紹系統化的商業管理創新方法—商業管理萃思。這並不是單純將傳統技術萃思，應用在商業管理領域，而是純粹談商業管理萃思。這本書的內容包含國際商業萃思協會（IBTA）基礎認證內容，適合給商業管理萃思的初學者參考。在這樣的定位下，看完本書後，我認為作者在章節的編排、遣詞用字，甚至是案例的選擇及重點複習等，都經過精心的規劃。舉例來說，這本書包含三篇，依序是導論、基本工具及商業管理發明原理。透過由淺而深並按流程順序撰寫的方式，讓人較易理解；再者在遣詞用字上，也有考慮讀者的可能狀況，在每章節一開始，就從定義開始談起，這可以讓不懂技術萃思的讀者，仍然可以直接閱讀本書，無須具備技術萃思的先備知識；然而，在案例的選擇上，作者大多選用自己帶領學生所做創新研究案例為主，例如：便利商店、里長伯照顧里民小孩、銀行營業時間等案例。這些生活化的案例，不單單可以引起讀者的共鳴，也凸顯出作者在商管萃思實作經驗的積累與專業；最後，這本書還有個特別之處，就是在每個章節的結尾，作者會透過金句，協助讀者複習章節重點，以達提綱挈領之效。

作者在書中提及本書很適合給大專院校的學生，在撰寫碩士論文時參考，因為書中案例大多是作者帶領學生所做創新研

究案例，這點我認同。然而，站在創新顧問與業界的角度來看，我認為本書也非常適合我們參考。以往，我在協助客戶規劃創新服務時，大多是使用設計思考，從同理顧客的角度出發，透過同理心地圖、訪談及 HMW 等工具定義問題，而這本書讓我多了「觀點圖」與「創新問題情境問卷」等工具，可以協助我定義顧客的問題；在引導客戶創意發想時，我會透過團隊共創等方式引導創意發想，而這本書讓我可以透過「商業管理萃思矛盾矩陣」、「發明原理」、「資源分析」的指引，能夠更有方向性的引導客戶發想創意。這本書對我的幫助很大，讓我有更多更適合的工具與方法，可以協助客戶。當然，這本書也適合職場人士在規劃創新服務時，可以用來參考的工具書。

「不要手裡握著槌子，看到的世界都變成了釘子」，《商業管理萃思理論與實務：讓你發明新的服務》一書，讓我大幅增加對萃思的認知。在作者精心規劃下，這本書不僅容易閱讀，更能引起共鳴，適合大專院校的學生、想要規劃創新服務的職場人士及創新講師顧問閱讀與學習。在此，誠摯推薦給您！

勉覺創新管理顧問有限公司　顧問

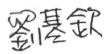

自序：傳承商業管理萃思，讓你發明新的服務！

寫本書的源頭是我參加了萃思大師（TRIZ Master）Valeri Souchkov 2015 年在台灣舉辦的 3 個「商業管理萃思」的課程，研習之後我發表數篇相關論文在 Valeri Souchkov 所舉辦「商業管理萃思」主題的國際研討會，教授商業管理萃思課程多年，並指導多篇運用商業管理萃思解決問題的碩士論文，發現這套方法幾乎任何主題與領域都可以調整套用。我覺得應該要把這套好的工具傳承下來，將所學習到商業管理萃思的方法傳遞給學生，因此有了這本書的誕生。因為有許多想要表達的內容，因此，以下文章加了標題，使段落的焦點比較清楚。

一、是否願意改變影響巨大

1.外在環境不斷變化創新做法產生巨大效益

我小時候在街頭巷尾到處都能看到許多雜貨店在販賣日常用品，但是現在這些雜貨店大多已經被便利商店所取代了。相對於原本的雜貨店，便利商店是一種新的販賣方式，雖然賣的東西可能是一樣的，但它是 24 小時營業，顧客隨時都可

以去購買。以前買東西講究銀貨兩訖，需要一次付清費用，消費者若是想購買汽車、房子，總會考慮預算有限，要儲存足夠的金錢，才有辦法去購買。現在聰明的商家提出了分期付款的口號，消費者只要繳交一定額度的頭期款，其餘的費用便分成數期繳交，這樣一來消費者感覺到一開始要付出的金額負擔小了許多，進而產生自身購買能力變強的感覺，這就促成了許多的交易。分期付款促進了大量的交易行為，顧客所付出的總金額差不多，即使增加一點利息支出，但也增加許多購物機會。便利商店取代原本的雜貨店、分期付款取代原本的一次付清費用，在當時都是創新的做法，也產生了巨大的效益。

2.運用舊方法不斷努力不會產生新的結果

如果沒有採取新的方法，只是運用舊的方法不斷努力，而希望產生新的結果，除非運氣很好，新的結果是不會達成的。據說愛因斯坦曾經說過：「每天重複做同樣的事情，卻還期待會出現不同的結果，這種人應該就是瘋子！」某些公司只是很努力的每天做同樣的工作，卻沒有創新的思維與工具，都無法長久的發展。柯達軟片曾佔有美國底片市場九成、相機市場八成的驚人市占率，多達 1100 個專利，公司卻在 2012 年宣布破產。柯達底片技術好不好？它的技術幾乎是世界第一的。柯達誤判傳統相機壽命，等到醒悟已經來不及；富士也是底片大

廠，它果斷放棄舊領域，成功開發新產品，就生存下來了，並獲得許多柯達所留下的市場。企業如果能早一點正視危機，自然會擁有愈多反應時間，也就愈容易生存下去。諾基亞被微軟收購而消失之時，在記者招待會上，諾基亞CEO約瑪·奧利拉最後說了一句話：「我們並沒有做錯什麼，但不知為什麼，我們輸了。」說完，連同他在內的幾十名諾基亞高管不禁落淚。諾基亞是一家值得敬佩的公司，諾基亞並沒有做錯什麼，只是世界變化太快。錯過了學習，錯過了改變，也就錯過了機會！

3.商業管理萃思理論問世

　　什麼是商業管理萃思理論呢？商業管理萃思是一種從傳統技術萃思理論轉化調整，使更適用於商業管理情境問題處理的系統化創新方法，可以說是系統化的商業管理創新方法，也可以說是一種讓你發明新服務的方法。系統化商業管理創新是將商業管理創新結構化，建立一系列的流程步驟以完成商業管理創新的任務。目前這種方法問世將近20年，是十分新的領域，試想我們在大學所學的學科，幾乎都有百年以上的歷史，學過的學生都是成千上萬，而商業管理萃思這方法，在全世界所學過的人口比例極低，你所遇到的同事，99%是不會這種方法的，學會了你就具有其他同事所不會的方法，享有一定的競爭力。

二、本書內容簡介

　　本書的內容主要是我參加了萃思大師（TRIZ Master）Valeri Souchkov 在台灣舉辦的所有商業管理萃思課程，加上 Valeri Souchkov 大師提供了他培訓的英文材料讓我翻譯，多年在明新科技大學教授商業管理萃思課程，並指導運用商業管理萃思解決問題的碩士論文 30 篇，將多年學習、教學與指導碩士論文之資料與經驗，整理為本書，以方便教學與指導碩士論文之用，並提供對商業管理萃思有興趣之讀者，一本可以反覆研讀的商業管理萃思入門資料。

1. 導論介紹整體概念與架構

　　本書第一篇為商業管理萃思（Business TRIZ）導論介紹整體概念與架構。第一篇分為兩章，第一章為基本觀念簡介，主要介紹商業管理萃思的基本觀念、相關組織與活動、我的相關資歷，希望讀者能對商業管理萃思有一個初步的了解，方便銜接後續章節的理解。第二章為基本工具簡介，這些工具主要可以分為「問題分析」、「產生解答」、「解答驗證」三階段，三階段可依步驟進行。「問題分析」工具有問題觀點圖、創新問題情境問卷、根源矛盾分析。「產生解答」工具有理想解決方案、資源分析、40 發明原理、矛盾矩陣表。「解答驗證」工具有點子評估和篩選、點子實施和優化。這些工具可以依一個流

程圖來呈現其一般的運用關係，方便讀者參考運用。

2.介紹基本工具的運作方法與案例

　　本書第二篇對商業管理萃思的各個工具，做比較詳細的說明。並介紹在商業管理創新上經常遇到需要做的某種任務，例如提高品質、降低成本、新增收入、減少瓶頸，在五類「商業管理創新」中的哪一類可以應用，這類任務在分析問題階段可以採用哪種工具？在產生創意階段可以採用哪種工具？

　　第二篇分為五章，主要是商業管理萃思基本工具的運作方法與案例，這些工具用來解決處理問題中所遭遇的矛盾情況，如果解決問題中沒有遭遇到矛盾情況，就朝問題面的相反方向去做就好了，例如：你要寫報告三天後要交，但是你時間不夠，你可以減少睡眠來寫報告，不睡覺可以讓你增加許多寫報告的時間，但是你三天不睡覺，身體會受到傷害，所以你要找其他方式來幫你寫報告。第三章「問題觀點圖」這個工具可以幫我們看懂複雜情況。「問題觀點圖」是藉由拆解問題情境中的元素為觀點，將多數觀點以導向關係連接起來形成的圖，用以表達或分析人或組織間複雜的關係，找出其中產生最關鍵效果的觀點，當做分析問題的切入點，這方法對於複雜、模糊情況的釐清，很有幫助。第四章為「創新問題情境問卷」。有具體問題情境需要創新改良，創新會比較有焦點；有評估未來產生解

決方案之適當標準，會選出比較理想的創新成果來執行。創新問題情境問卷是爲幫助創新者了解欲創新改良之對象與情境，所提出的 6 個問題，創新者在回答問題時，可對問題有更清晰的認識，並可能因此產生新的想法或方案。它也可以當做分析問題的切入點。第五章爲「根源矛盾分析」。「根源矛盾分析」這個工具是一種因果關係圖。經由建立根源矛盾分析模型與繪圖的 10 個步驟，完成根源矛盾分析圖後。後續再將其中之「關鍵矛盾」的正面與負面效果轉換成商業管理矛盾矩陣表中的三十一個商業管理通用商數，查商業管理矛盾矩陣，得到適用的發明原理，產生創意方案。第六章爲「商業管理矛盾矩陣與發明原理簡介」。能協助產生創新構想的發明原理有 40 個，每個都專注構思創新點子需要較長久時間，能找到以往比較適合解決某類矛盾的發明原理會比較有效率，矛盾矩陣就是能協助找到比較適合解決某類矛盾的發明原理的工具。藉由查「矛盾矩陣表」找到的這些發明原理理論上有較高的解決問題機會。經由以矛盾矩陣表選發明原理，來構想新解決方案的 7 個步驟，可以構想出許多解決矛盾的方案。第七章爲「點子評估、篩選與實施」。點子評估和篩選可以採用「多準則決策矩陣」來估算點子的績效，點子的績效分數越高，可以視爲越好的點子。接下來，評估每個創意點子準備好到可以執行的時間，「估計所需準備時間」越短，就是越快能執行的點子。一般我們所

要選擇的是又好又快的點子。經過分析問題、產生創意點子方案、選出最佳的點子方案，如果就此停止了，前面所有花費的許多精力，都無用武之地，十分的可惜！因此要盡可能的實施你所選出的最佳方案，為了增加實施所產出最佳方案的機會，在最初選擇所要研發主題時，就要考慮研發成果的實施機會。

3.發明原理介紹每個商業管理發明原理的操作方式與案例

　　本書第三篇為對商業管理發明原理逐個做比較詳細的說明。商業管理發明原理是由 G. Altshuller 最初開發的 40 個原本用於技術創新萃思發明原理的擴展版本，後來被用於解決商業和管理方面的問題。本書中的一些發明原理標題和敘述與傳統萃思文獻的原始的標題和敘述已經有所不同，其中某些名稱經過我修改，使更符合方法的內涵。第三篇分為三章，因為 40 個萃思發明原理的數量比較多，第一次接觸的讀者在一章中學習全部有可能比較困難，因此，我將 40 個發明原理分為三類。第八章為「原則類」發明原理。是比較不局限於特定的對象，能廣泛應用的發明原理。由受到具體「事／物」限制最少的發明原理集合而成的構想方式類，為第 1-12 個發明原理。例如：當你需要整頓複雜的狀況，或者說是矛盾情況，也就是在解決若是一邊成立，另一邊就無法成立的狀態時，要能產生功效，就要分開來思考。這時候「分割」可以說是最具通用性

的發明原理。第九章為「操作類」發明原理。是比較能普遍適用於系統內的發明原理。操作類是對應設計系統時實際操作的步驟，為第 13-28 個發明原理。此處的系統是指：「為了某個目的，由要素或輔助系統所組成之物」。建構系統的第一個步驟，首先要做出能確保實踐「系統主要目的」的設計。也就是說，系統的輸出要依據成果或產出的對象做調整。第十章為「對象類」發明原理。是比較具體性強，能立即發揮功效的發明原理。隨著發明原理的號碼逐漸增加，內容也從抽象的概念轉移至具體的方法。自第 29 個發明原理開始的對象類發明原理，則是又更加具體、細分化的發明原理。將 40 個發明原理分為三類，主要是為減少讀者一次接觸太多知識點難以消化，分類並未經過嚴謹的驗證，「原則類」也可以具有操作性，「操作類」也可是有運用對象，「對象類」也可以具有原則性，讀者不必拘泥於分類的名稱。

　　本書主要是教導商業管理萃思（Business TRIZ）的基礎技術，架構主要是依據國際商業萃思協會（IBTA）基礎認證內容，包含問題觀點圖、創新問題情境問卷、理想解決方案、資源分析、根源矛盾分析、發明原理、矛盾矩陣、點子評估和篩選、點子實施和優化九個工具，加上許多實務應用的案例，來幫助初次學習者快速掌握方法的概念。

三、本書之運用

1.本書內容之效益

研讀本書讀者可以有系統瞭解商業管理萃思的定義與歷史；能運用商業管理萃思工具，分析所遭遇的問題，產生新的解決方案；對複雜龐大的問題，能夠拆解，找出重要之部分；有系統的挖掘問題的原因，不要頭痛醫頭，腳痛醫腳；有系統的解決左右為難矛盾情況之創新方法；對許多新方案，進行評估並選出最適合的、能快速執行的方案；可分析原有服務方式之問題，產生新的服務方式。這些研讀本書能獲得之效益，是目前市面上書籍尚未發現的！

2.本書可提供寫商業管理萃思的碩士論文的方式

我在指導研究生論文的過程中，發現許多運用商業管理萃思的碩士論文，大部分內容比較像是投影片或講義的書寫方式，而且圖表內容多於本文文字敘述，比較不像文章的書寫方式，我提醒研究生增加本文的文字敘述，但是因為沒有給予研究生對圖表內容加以比較清楚敘述的例子參考，以至於提醒的效果不佳，因此本書第二章可以提供寫碩士論文寫法的參考。讀者如果是在碩士論文寫研究方法的部分時，則不要把各個方法像是教科書寫得很詳細，因為從 2022 年起，教育部為提昇論文品質，更加重視論文的相似度比對，若是採取許多研究方

法內容跟畢業學長姊的碩士論文一樣的方式，已經會有論文的相似度比對結果比例很高的問題，所以研究方法可能就精簡介紹方法之步驟，一個代表的圖或表就好。

3.本書重點複習

　　為了幫助讀者容易記憶基本的解決問題流程，下面以金句方式做一個重點複習。因為理想解決方案、資源分析是比較少被用到，所以金句不包含這兩個工具。

＊商業管理萃思行＊

詳蒐問題寫情境

拆解情境列觀點

導向觀點畫為圖

分類計算觀點分

頂分觀點挖原因

每個原因找正面

有正有負是矛盾

矛盾矩陣解矛盾

查找矩陣找原理

利用原理想創意

評估創意排順序

執行優先的創意

四、集思廣益讓世界變的更美好

1.萬分感謝幫忙的人

　　本書的完成有許多要感謝的人，感謝台灣國際科文創新教育發展協會科學素養教育顧問林秀蓁博士對全書的架構與方向提供有用的建議、勉覺創新管理顧問有限公司創辦人與創新顧問劉基欽老師提供本書文字修改建議；明新科技大學校友林姿伶、林美蘭與研究生王希勻詳讀某些章節，校友楊雅涵、終身教育處王俊泰老師、邱郁婷秘書幫忙試讀某些章節，提供修改建議，讓我的書籍能更貼近研究生閱讀學習的需求；指導完成商業管理萃思的碩士論文畢業之校友黎氏清微（越南研究生）、黃鈺芳、林伊珈、王行湧、劉雅慧、蔡欣怡同意我整理發表論文中之實務案例；中華學習體驗分享協會理事長李忠峯老師對封面設計提供寶貴建議；最後感謝幫忙寫序的中華創造力訓練發展協會理事長暨金門酒廠胡璉文化藝術基金會董事長陳龍安教授、振邦顧問有限公司趙胤丞執行長、溝通表達培訓師張忘形老師、勉覺創新管理顧問有限公司創辦人劉基欽顧問；這些都對本書的撰寫起了關鍵的作用。對以上協助者，萬分感謝！

2.一起讓世界變的更美好

　　本書雖盡力校對，然而初版因為時間倉促，或有筆誤與描述不清之處，如有任何改進建議，敬請讀者不吝提供，電子郵

件：younjan.lin@gmail.com，無任感激！

　　本書寫作的原因是，希望能提供有志學習商業管理萃思這套創新工具的人，得到基礎的創新能力，進而改善自己的工作、生活與發明新的服務，如果有許多人改善了自己的工作、生活與發明新的服務，這個世界會變的更美好。

　　祝福各位讀者！

　　　　　　明新學校財團法人明新科技大學企業管理系所教授

林永禎

2023 年 4 月 21 日世界創意與創新日

目錄

第一篇　商業管理萃思（Business TRIZ）導論

第一章 │ 基本觀念簡介 ································· *5*

1.1　創新產品與服務也是需要工具　　　　5

1.2　萃思的緣起　　　　7

1.3　商業管理萃思的緣起　　　　14

1.4　商業管理萃思（Business TRIZ）的定義與架構 18

1.5　商業管理萃思的重要觀念　　　　22

1.6　商業管理萃思的組織與活動　　　　25

1.7　商業管理萃思小結　　　　27

1.8　實作演練　　　　29

第二章 │ 基本工具簡介 ································· *33*

2.1　問題觀點圖　　　　35

2.2　創新問題情境問卷　　　　37

2.3　理想解決方案　　　　41

2.4　資源分析　　　　43

2.5　根源矛盾分析　　　　44

2.6　40 發明原理簡介　　　　48

2.7　矛盾矩陣表　　　　　　　　　　　　　49

2.8　點子評估和篩選　　　　　　　　　　54

2.9　點子實施和優化　　　　　　　　　　56

2.10　基本工具口訣與小結　　　　　　　57

2.11　實作演練　　　　　　　　　　　　60

第二篇　商業管理萃思基本工具的運作方法（解決矛盾）

第三章　│　問題觀點圖 ･････････････････････ *69*

3.1　觀點圖的定義與應用步驟　　　　　　69

3.2　問題情境描述　　　　　　　　　　　71

3.3　記錄觀點間的導向關係繪製成觀點圖　78

3.4　對每個觀點計分找到關鍵效果觀點　　83

3.5　觀點圖小結　　　　　　　　　　　　93

3.6　實作演練　　　　　　　　　　　　　93

第四章　│　創新問題情境問卷 ･････････････ *97*

4.1　問卷的組成　　　　　　　　　　　　97

4.2　問卷的運用案例 a：里長想要解決里民小孩課後
　　照顧的問題但是力不從心　　　　　　100

4.3　問卷的運用案例 b：護理系學生實習壓力情況 107

4.4　問卷的運用案例 c：公共場所肥皂不太衛生　111

4.5　創新問題情境問卷小結　117

4.6　實作演練　117

第五章 ┃ 根源矛盾分析 ⋯⋯⋯⋯⋯⋯⋯⋯⋯⋯ *119*

5.1　根源矛盾分析的基本觀念　119

5.2　矛盾的形成與解決　121

5.3　根源矛盾分析的圖例　126

5.4　建立根源矛盾分析模型與繪圖的步驟　131

5.5　一些注意事項　145

5.6　根源矛盾分析小結　151

5.7　實作演練　151

第六章 ┃ 商業管理矛盾矩陣與發明原理簡介 ⋯⋯⋯ *153*

6.1　商業管理矛盾矩陣的基本觀念與發明原理簡介 153

6.2　矛盾矩陣表　158

6.3　以矛盾矩陣表選發明原理想新解決方案的步驟 158

6.4　以矛盾矩陣表選發明原理想新解決方案的舉例：
　　　解決「國軍文卷室公文作業時效」中的矛盾　164

6.5　小結　175

6.6　實作演練　176

第七章 | 點子評估、篩選與實施 …………… *179*

7.1 點子評估和篩選的基本觀念 179

7.2 ABC 過濾法 180

7.3 多準則決策矩陣 185

7.4 估計準備時間與點子篩選 193

7.5 點子實施與成果驗證 198

7.6 小結 218

7.7 實作演練 219

第三篇 商業管理發明原理

第八章 | 「原則類」發明原理（第 1-12 個）…………… *225*

8.1 編號 1 分割（SEGMENTATION） 225

8.2 編號 2 取出／分離（TAKING AWAY） 227

8.3 編號 3 改變局部特性（LOCAL QUALITY） 229

8.4 編號 4 非對稱性（ASYMMETRY） 231

8.5 編號 5 合併／整合（MERGING） 232

8.6 編號 6 多用性／多功能（UNIVERSALITY） 234

8.7 編號 7 套疊／巢狀結構（NESTING） 235

8.8 編號 8 反制行動（COUNTER ACTION） 237

8.9 編號 9 預先反制行動（PRIOR ANTI- ACTION）

238

8.10　編號 10 預先行動（PRIOR ACTION）　　240

8.11　編號 11 事先補償／預防（BEFOREHAND CUSHIONING）　　241

8.12　編號 12 消除緊張（TENSION REMOVAL）　243

8.13　小結　　244

8.14　實作演練　　245

第九章　｜　「操作類」發明原理（第 13-28 個）⋯⋯⋯⋯⋯⋯ *247*

9.1　編號 13 另一方向／反向操作（OTHER WAY ROUND）　　247

9.2　編號 14 非直線性（NON-LINEARITY）　　249

9.3　編號 15 動態化（DYNAMIZATION）　　250

9.4　編號 16 稍微少些或多些（的動作）（SLIGHTLY LESS OR MORE）　　252

9.5　編號 17 另外維度／空間（ANOTHER DIMENSION）　　253

9.6　編號 18 共鳴（協調）（RECONANCE／COORDINATION）　　254

9.7　編號 19 週期行動（PERIODIC ACTION）　　256

9.8　編號 20 連續的有利作用（ACTION CONTINUITY）　　257

9.9　編號 21 快速行動（HIGH SPEED）　　259

9.10　編號 22 轉有害為有利（BLESSING IN

DISGUISE） 260

9.11 編號 23 回饋（FEEDBACK） 261

9.12 編號 24 中介物／媒介（INTERMEDIARY） 263

9.13 編號 25 自助／自我服務（SELF-SERVICE） 264

9.14 編號 26 使用複製品或模型（USE OF COPIES
AND MODELS） 266

9.15 編號 27 廉價與短期〔拋棄式〕用品（Cheap
and Short Life） 267

9.16 編號 28 替換系統運作原理／使用其他原理
（PRINCIPLE REPLACEMEN） 268

9.17 小結 270

9.18 實作演練 271

第十章 ｜ 「對象類」發明原理（第 29-40 個） 273

10.1 編號 29 流動性和靈活性（FLOWS AND
FLEXIBILITY） 273

10.2 編號 30 改變邊界條件（BORDER CONDITIONS
CHANGE） 274

10.3 編號 31 孔洞和網路（HOLES AND
NETWORKS） 276

10.4 編號 32 改變外觀／可見度（VISIBILITY
CHANGE） 277

10.5 編號 33 同質性（HOMOGENITY） 279

10.6　編號 3 4 丟棄與恢復（D I S C A R D　A N D
　　　　RECOVER）　　　　　　　　　　　　　280

10.7　編號 35 改變特性（PARAMETER CHANGE）282

10.8　編號 36 模範轉移（PARADIGM SHIFT）　283

10.9　編號 37 相對變化（RELATIVE CHANGE）　284

10.10　編 號 3 8 增 強 的 環 境 （E N R I C H E D
　　　　ENVIORNMENT）　　　　　　　　　285

10.11　編 號 3 9 鈍 性 （惰 性 ） 環 境 （I N E R T
　　　　ENVIRONMENT）　　　　　　　　　287

10.12　編號 40 組合（複合）結構（COMPOSITE
　　　　STUCTURES）　　　　　　　　　　288

10.13　小結　　　　　　　　　　　　　　　290

10.14　實作演練　　　　　　　　　　　　291

第一篇 商業管理萃思（Business TRIZ）導論

　　商業管理萃思是一種從傳統技術類萃思理論轉化調整，使更適用於商業管理情境問題處理的系統化創新方法，可以說是系統化的商業管理創新方法，也可以說是一種讓你發明新服務的方法。系統化商業管理創新是將商業管理創新結構化，建立一系列的流程步驟以完成商業管理創新的任務。目前這種方法問世將近 20 年，是十分新的領域，試想我們在大學所學的學科，幾乎都有百年以上的歷史，學過的學生都是成千上萬，而商業管理萃思這方法，在全世界所學過的人口比例極低，你所遇到的同事，99% 是不會這種方法的，這樣你就具有其他同事所不會的方法，享有一定的競爭力。

　　本書的內容主要是我參加了萃思大師（TRIZ Master）Valeri Souchkov 在台灣舉辦的 3 個課程，2015 年 1 月 18, 19, 24, 25 日的 'Innovative Problem Solving with TRIZ for Business & Management' 工作坊，教導商業管理萃思基礎班課程；2015 年 1 月 21, 22 日的 'Systematic Business Model Innovation' 工作坊，教導系統化商業模式創新；2015 年 11 月 28,29 日，12 月 5, 6 日的 'Systematic Innovation with TRIZ for Business & Management, Advanced Course'，教導商業管理萃思進階班課程。我研習之後發表相關論文在國際研討會，多年在明新科技大學教授商業管理萃思課程，並指導運用商業管理萃思解決問題的碩士論文 30 篇。照片 1.1 是萃思大師（TRIZ Master）Valeri Souchkov 頒發結業證書給我，照片 1.2 是我所指導越南研生黎氏清微，在通過商業管理萃思（TRIZ）主題之碩士論文口試後，去換穿碩士服裝拿花來找指導教授合照，前一張照片代表我從國際大師學習到商業管理萃思這種方法，後一張照片代表我將所學習到商業管理萃

思的方法傳遞給學生，有薪火相傳的意義，會選越南研究生照片是因為越南研究生中文沒有那麼好，在寫論文過程中，要把學生所寫的不像中文文法的論文改成口試委員看得懂的論文就已經有點辛苦，特別具有象徵意義。

　　我將多年學習、教學與指導碩士論文之資料與經驗，整理為本書，以方便教學與指導碩士論文之用，並提供對商業管理萃思有興趣之讀者，一本可以反覆研讀的商業管理萃思入門資料。第一篇分為兩章，第一章為基本觀念簡介，主要介紹商業管理萃思的基本觀念、相關組織與活動、我的相關資歷，希望讀者能對商業管理萃思有一個初步的了解，方便銜接後續章節的理解。第二章為基本工具簡介，這些工具主要可以分為「問題分析」、「產生解答」、「解答驗證」三階段，三階段可依步驟進行。「問題分析」工具有問題觀點圖、創新問題情境問卷、根源矛盾分析。「產生解答」工具有理想解決方案、資源分析、40 發明原理、矛盾矩陣表。「解答驗證」工具有點子評估和篩選、點子實施和優化。這些工具可以依一個流程圖（圖 2.1）來呈現其一般的運用關係，方便讀者參考運用，將於第二章詳細說明。

照片 1.1　萃思大師（TRIZ Master）Valeri Souchkov 頒發結業證書給作者林
　　　　　永禎教授

照片 1.2　越南研究生黎氏清微通過商業管理萃思（TRIZ）主題之碩士論
　　　　　文口試後找指導教授林永禎博士合照

第一章　基本觀念簡介

本章主要介紹商業管理萃思的基本觀念、相關組織與活動、我的相關資歷，希望讀者能對商業管理萃思有一個初步的了解，方便銜接後續章節的理解。以下依序說明創新需要工具、傳統技術萃思的緣起定義與架構、商業管理萃思的緣起定義與架構、商業管理萃思的重要觀念、商業管理萃思的組織與活動

1.1 創新產品與服務也是需要工具

一般人要釘釘子會徒手去釘嗎？通常不會，他會去找適合的鎚子當工具來做這件事，適合的工具讓他做這件事更有效率。那麼他會自己去設計與做出鎚子來釘釘子嗎？通常不會，他會去買別人已經做好適合釘這種釘子的鎚子來釘釘子，使用已經發展好的工具讓他做這件事更有效率。同樣的要產生創新發明，也是需要有產生創意的工具才會有效率，而萃思這種創新技術，就是許多國際知名公司例如三星、奇異（GE）用來產生創新成果的工具，你會有興趣花一點時間來瞭解一下這是什麼樣的工具嗎？

我小時候看到在街頭巷尾有許多雜貨店在販賣日常用品，現在這些雜貨店大多已經消失不見了，取而代之的，有許多便利商店在販

賣日常用品，而且 24 小時營業，隨時都可以去買。相對於原本的雜貨店，便利商店是一種新的販賣方式，雖然賣的東西可能是一樣的。以前買東西需要一次付清費用，消費者若是想購買大型家電產品、汽車、房子，總會考慮預算有限，要儲存足夠金錢，才有辦法進行購買。於是聰明的商家提出了分期付款的口號，消費者只要繳交一定額度的初期費用，其餘的部分便分成數期繳交，這樣一來消費者感覺到一開始要付出的金額負擔小了許多，進而產生自身購買能力變強的感覺，這樣就促成了許多的交易。大部分的購買汽車、房子是分期付款的方式，使得金錢的調度更有彈性。分期付款促進了大量的交易行為，雖然所付出的總金額，差距沒有很大，雖然增加一點利息支出，但也增加許多購物機會。便利商店取代原本的雜貨店、分期付款取代原本的一次付清費用，在當時都是創新的做法，也產生了巨大的效益。

　　沒有採用新的方法，只是用舊方法不斷努力，而希望產生新的結果，除非運氣很好，新的結果是不會達成的。據說愛因斯坦說過：「每天重複做同樣的事情卻還期待會出現不同的結果，這種人應該就是瘋子！」某些公司只是很努力的每天做同樣的工作卻沒有創新的思維與工具，都無法長久的發展。諾基亞被微軟收購而消失之時，在記者招待會上，諾基亞 CEO 約瑪‧奧利拉最後說了一句話：「我們並沒有做錯什麼，但不知為什麼，我們輸了。」說完，連同他在內的幾十名諾基亞高管不禁落淚。諾基亞是一家值得敬佩的公司，諾基亞並沒有做錯什麼，只是世界變化太快。錯過了學習，錯過了改變，也就錯過了機會！因此全世界的企業都非常重視創新，中華民國教育部也

在 108 課綱的國民教育能力指標中增加了創造力的部份。

1.2 萃思的緣起

　　萃思理論是具有結構性思考方式的問題解決方法，為一種創新發明問題解決理論，是一套系統化創新發明與實務解題的工程方法，其主要目的是希望能幫助發明者藉由系統化、規則化的思考，解決在發明或研究的過程中，可能遇到的各種問題。係由俄國人根里奇·阿舒勒（Genrich Altshuller）與其研究團隊於 1946 年開始進行，分析超過 20 萬件（不同來源資料數字有些差異）專利，再從其中選出了 4 萬份（不同來源資料數字有些差異）被認為是有真正突破的專利進行深入研究，從中得出了發明的一般規律之成果，1956 年正式發表第一篇關於萃思的文章引領後續萃思的發展，因此，國際萃思協會（根里奇·阿舒勒所創立的國際創新組織，是目前全世界公信力最高的萃思組織），以 1956 年為萃思創立的年代。萃思理論，為一套系統化創新與解決的技術，包含問題的識別、問題的解決、概念的驗證，可視為解決創新問題的工具箱，以及龐大的知識資料庫。

1.2.1 什麼是萃思（TRIZ）？

　　萃思的英文為 TRIZ，TRIZ 是從俄文「теории решения изобретательских задач」的英文音譯「**T**heoria **R**esheneyva **I**sobretatelskehuh **Z**adach」中，取出每個字的第一個英文字母所組

成的，所以叫作「TRIZ」，英文全稱是 Theory of the Solution of Inventive Problems 或者是 Theory of Inventive Problems Solution，在歐美國家也可縮寫為 TSIP 或 TIPS，也就是就是「創意性的問題解決理論」。中文通常翻譯成「萃思」或「萃智」（中國大陸翻譯成「萃智」，台灣剛開始翻譯成「萃思」、後來有人翻譯成「萃智」），本書採用「萃思」隱含有萃取思考結晶的意思，也可以說，應用這個方法是萃取思考所產生的心血結晶。

1.2.2 萃思的起源

根里奇·阿舒勒（Genrich Altshuller）於 1946 年時二十歲，擔任蘇聯海軍專利局的專利審核員。當時蘇聯的國防武器在世界上是數一數二的，所以，武器創新發明的程度也相當好。阿舒勒每天審核海軍專利，所以，有機會看到不少好的專利。在專利的審核作業中，他察覺到任何一種技術系統的創新過程中都是有其一定的型態與過程，從許多審核專利的經驗中，歸納出技術創新的型態與過程。他分析超過二十萬件專利，分析其中四萬件具有較佳創新方法的專利，希望歸納出基本原理。那時候，並沒有電腦資料庫，研究二十萬件專利是很辛苦的，需要從倉庫裡拿出一件一件的專利仔細閱讀與思考，經過了這個艱辛的過程，最後阿舒勒發展出萃思這套理論。用另一種方式來說，萃思理論，為一套系統化創新與解決問題的技術，包含問題的識別、問題的解決、概念的驗證，可視為解決創新問題的工具箱，以及龐大的知識資料庫。阿舒勒相信發明與創新並非難事，只要透過這個理論和方法，人人都能解決發明問題。

他從 1946 年開始進行此項研究，所以，有人認為 2016 年在北京舉辦的國際萃思協會年會與國際萃思研討會是 70 週年，但國際萃思協會（英文縮寫為 MATRIZ 是由萃思創始人阿舒勒所創立，是國際上最主要的萃思協會）2016 年在北京召開年會，有參加者問副主席，他說依照國際萃思協會的算法，該年度是 60 週年。由於阿舒勒於 1956 年正式發表第一篇關於萃思的文章，引領了後續萃思的發展，因此，國際萃思協會，以 1956 年為萃思創立的年代。

1.2.3 創意性的問題

阿舒勒發現每一個具有創意的專利，基本上都是在解決「創意性」的問題。所謂「創意性」的問題，其中包含著「需求衝突」的問題，也就是他所謂的「矛盾」。例如：桌子不夠厚，所以如果放較重設備上去時，桌子可能凹陷損壞，所以就把桌子做厚一點；但是，如果加厚桌子，雖然改善強度而能承受較重設備，較不易壞，但如此一來，桌子愈重，成本愈高，所以，不會無限制把桌子厚度一直增加，因為改善了桌子強度的特性，但同時惡化了桌子的重量特性。當桌子強度需要大時就要桌子厚一點，當桌子重量需要小時就要桌子薄一點，這就是桌子強度與重量的「需求衝突」。

「衝突」與「矛盾」意義類似，若要區格可說「衝突」是與系統外部組件之間無法協調一致如圖 1.1，「矛盾」則是與系統內部組件之間無法協調一致如圖 1.2，在本書不予以區隔。若不是一個矛盾問題的話，順著問題的相反方向去解決，就可以得到不錯的效果。比如

說，你覺得牆壁的隔熱效果不好，所以想把牆壁做厚一點，隔熱效果會比較好。牆壁做的比較厚，如果沒有後遺症的話，問題就很簡單，將牆壁愈做愈厚就愈好。但加厚牆壁，會產生一些副作用，例如：比較貴的成本、牆壁變重則下面的基礎或載重增加等。也就是，同一種作法可以解決你的問題，但也產生另一個問題，這就是阿舒勒所謂的「矛盾」問題。當你改善了問題其中一個特性時，其後果卻惡化了另一個特性，這就是有矛盾性的問題。

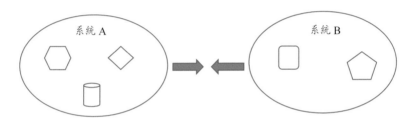

圖 1.1 「衝突」是與外部組件之間無法協調一致

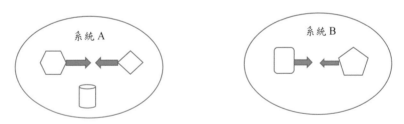

圖 1.2 「矛盾」是系統內部組件之間無法協調一致

　　如果沒有矛盾問題的話，直接順著問題的相反方向解決就好，就不需要特別的創意。但是矛盾問題，也就是創意性的問題，在改善的過程中，會遇到矛盾，所以就不能順著這個問題的相反方向去做就

好，因此，這就是較有創意的問題。阿舒勒歸納以前解決過這種問題的專利，用了什麼方法，歸納出通用性的規則；如此一來，依循這些規則，以後做專利創新發明時，會更容易。就好比你找到幾個解決問題的方法，下次你遇到類似問題時，把這幾個方法拿出來參考，一個一個試，遠比你從頭開始構想快很多。根里奇‧阿奇舒勒（Genrich Altshuller）說過：「你能等100年得到啓發，或者是用萃思原理，在15分鐘內解決問題。」通過萃思的方法進行創新，可以更有效率。

1.2.4 萃思解決問題的邏輯

　　萃思解決問題的方法，跟一般邏輯方法比較不一樣，一般邏輯就是你先把你的問題直接想解決問題改善方案，不過直接想，難度較高，通常比較不易想出好的解決問題改善方案。萃思解題的邏輯是把你的問題直接去匹配符合萃思的問題類型，當你找到符合萃思的某一問題類型時，對於每一種萃思的問題類型，就能找出萃思的解決問題改善方案。所找出的萃思解決問題改善方案，不是一個具體的方案，而是一個概念啓發方向的方案，但是這概念啓發方向的方案以前的人不容易想到，因此不容易找到創新的切入點去突破，但萃思的方法已經去歸納出不同問題的類型，利用這個點去做思考去做切入點能得到不錯的效果。從切入的方向去找解決問題改善方案時，相對地比較容易解決問題。但用一般邏輯從我的問題直接想解決問題改善方案時，解決問題的難度較高，不容易。當你把問題轉化成萃思的問題類型時，那麼下一步就比較容易了。

　　萃思的解題方法示意圖如圖 1.3 所示。

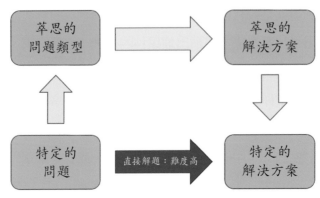

圖 1.3　萃思的解題方法示意圖

　　萃思經過一段時間的發展，在許多方面產生應用，很多世界知名的五百大企業都有用到萃思這套方法，像是三星、奇異（GE）、HP、Intel、Motorola、LG 等知名公司，運用到萃思的方法產生許多重要的創新成果。韓國在 1998 年曾經引進萃思的方法，但是沒有很成功，直到 2003 年再第二次引進，這次較成功，三星利用萃思，節省了十五億美元的經費，申請了五十二項專利，所以它繼續應用。三星直接在公司內部成立一個國際萃智學會分會，每年都有請萃思的大師到韓國到組織裡去幫忙做改善。韓國在申請美國專利排名世界第二。三星公司原本不那麼好，在 1997 年亞洲金融危機時，三星曾面臨倒閉危機，到 2006 年很成功的存活下來，2005 年時，三星的總裁李正龍曾說過一句話，「萃思救活了三星」，可見萃思這套方法對三星公司的發展非常重要。一個公司的經營，有管理層面、文化的層面，如果只靠管理層面、文化層面，韓國很多公司也可以經營很成功，但是就沒有像三星那麼成功，所以也是要結合萃思的方法跟管理的方法。

我在知道這套方法之後，也花費許多時間，通過了國際萃智協會 MATRIZ Certification 的初級、中級、高級專家認證證書，圖 1.4 是我所通過之國際萃智協會 MATRIZ Certification 高級專家認證證書。

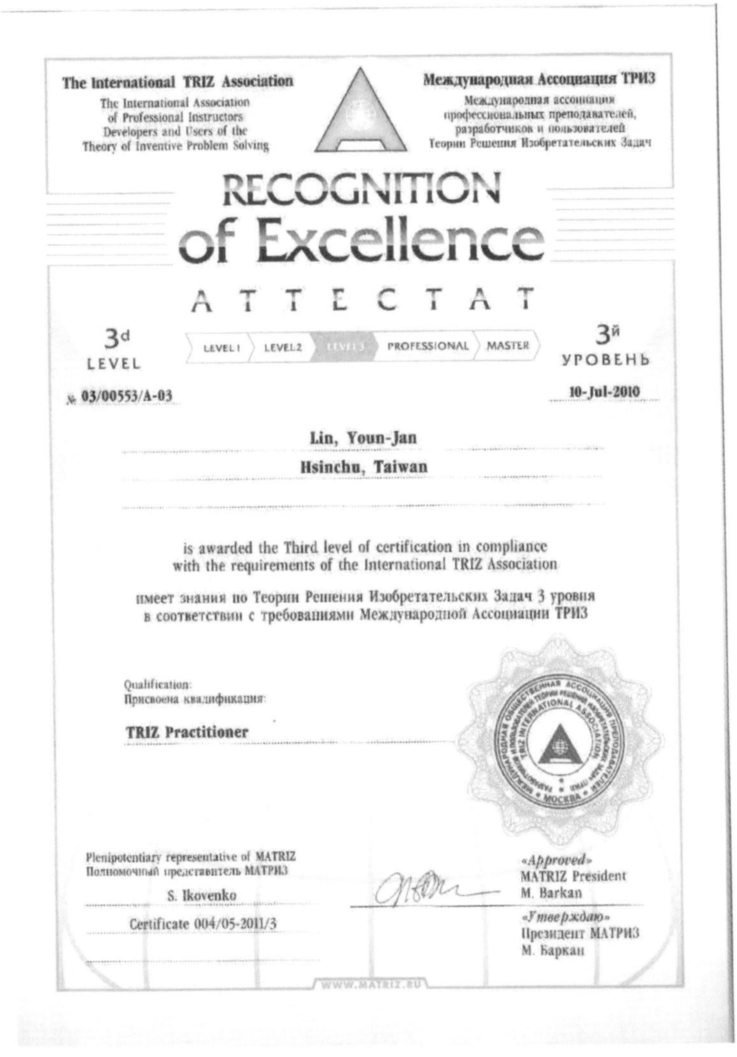
The International TRIZ Association
The International Association of Professional Instructors Developers and Users of the Theory of Inventive Problem Solving

Международная Ассоциация ТРИЗ
Международная ассоциация профессиональных преподавателей, разработчиков и пользователей Теории Решения Изобретательских Задач

RECOGNITION of Excellence

АТТЕСТАТ

3d LEVEL

LEVEL1 LEVEL2 LEVEL3 PROFESSIONAL MASTER

3й УРОВЕНЬ

№ 03/00553/A-03

10-Jul-2010

Lin, Youn-Jan

Hsinchu, Taiwan

is awarded the Third level of certification in compliance with the requirements of the International TRIZ Association

имеет знания по Теории Решения Изобретательских Задач 3 уровня в соответствии с требованиями Международной Ассоциации ТРИЗ

Qualification:
Присвоена квалификация:

TRIZ Practitioner

Plenipotentiary representative of MATRIZ
Полномочный представитель МАТРИЗ

S. Ikovenko

Certificate 004/05-2011/3

«Approved»
MATRIZ President
M. Barkan

«Утверждаю»
Президент МАТРИЗ
М. Баркан

WWW.MATRIZ.RU

圖 1.4　林永禎教授國際萃智協會 MATRIZ Certification 高級專家認證證書

1.3 商業管理萃思的緣起

前面有提到便利商店取代傳統的雜貨店在販賣日常用品，使許多雜貨店消失不見。分期付款促進了大量的交易行為。這些都跟接下要介紹的商業管理創新有關。

萃思最早是用人工分析，後來有軟體協助分析、運算與儲存資料，增加許多運用的方便性。雖然萃思的源起背景大多是應用在技術領域，但現今愈來愈多的企業也熟練運用萃思，並且將其擴展至非技術領域，在商業管理、生物方面都有良好的運用。

基於現有的萃思知識基礎工具的發展本來就是經由許多技術資訊導出和抽象化、概括化的，因此某些發明原理即使在非技術領域也能通用。這也正如 Kaplan（1996）認為萃思中的分析工具和心理機制是最能直接或經由簡單的修改後即可適用於非技術領域。然而，這些研究者不僅將萃思理論拓展至非技術領域，更勇於嘗試將其轉向商業管理面向。

1970 年代阿舒勒的學生移民到以色列開始教授萃思並使其適應以色列和國際高科技公司的需求。1996 年經過簡化與加入自己的工具，產生名為「系統性創新思考」（Systematic Inventive Thinking, SIT）的創新方法，也稱為「盒內思考」。

1990 年代 Nikolay Bogatyrev 開始使用萃思，並發現在生物領域沒有萃思的運用，於是開始發展生物與萃思結合的理論。2000 年在俄國出版 "Ecological engineering of survival"。2008 創立生物萃思

（BioTRIZ）公司開始推廣。2014 年出版生物萃思授課教材 "Inventor's Manual"。

前面介紹了萃思在以色列簡化爲「盒內思考」，Nikolay Bogatyrev 創立生物萃思的理論，接下來介紹商業管理中使用萃思的緣起。

1988 年，萃思大師 Boris Zlotin 和 Alla Zusman 基於對商業團隊和組織之發展的研究，出版了「社區發展理論」專著。第一篇關於商業中使用 40 個發明原理的論文，是由 Darrell Mann 和 Ellen Domb 於 1999 年在萃思期刊 TRIZ journal 上發表，並詳細說明適用於不同商業環境所需運用的原理。接下來獲有重大進展的當屬萃思大師 Valeri Souchkov 針對萃思在商業領域之應用，他將萃思運用的步驟、方法及工具進行系統化的說明，並詳細解釋了各個步驟的邏輯串連與適用的工具，提供後續的研究者理論的參考架構。Valeri Souchkov 於 2003 年開始第一個系列公開的「商業管理萃思」訓練工作坊，並引入了改編的萃思工具。2006 年 Valeri Souchkov 推出第一個基於企業「商業管理萃思」的認證培訓。

2015 年 Valeri Souchkov 到台灣於年初辦理「商業管理萃思基礎班」、「系統化商業模式創新」的培訓工作坊，於年末辦理「商業管理萃思進階班」的培訓工作坊。當時我參加了 Valeri Souchkov 的這些培訓工作坊，相關照片如照片 1.1 與照片 1.3，相關結業證書如圖 1.5 至圖 1.7。

2019 年 Valeri Souchkov 成立國際商業萃思協會，並在 2019 年 6 月 14-15 於白俄羅斯舉辦第一屆國際商業管理萃思研討會，當時我也

受到 Valeri Souchkov 的邀請參加這研討會。整個亞洲只有 3 人參加了這個研討會。

　　Valeri Souchkov 認爲商業創新是指在新的背景脈絡中，一種產品或商業概念的（新的或已知的）想法，能創造公認的價值並成功實施 .。系統化商業創新是將商業創新結構化，建立一系列的流程步驟以完成商業創新的任務。

照片 1.3　萃思大師（TRIZ Master）Valeri Souchkov 頒發進階班結業證書給作者林永禎教授

圖 1.5　林永禎教授商業管理萃思基礎班結業證書

圖 1.6　林永禎教授系統化商業模式創新課程結業證書

The Society of Systematic Innovation 中華系統性創新學會

Certificate of Completion

Name： 林永禎 Lin, Youn-Jan

Course：Advanced Course In TRIZ &Systematic Innovation
   For Business And Management
   萃智系統化商業管理創新：進階班

Hours：32hrs

Date：2015/11/28，11/29，12/5，12/6

Instructor：Mr. Valeri V. Souchkov

D. Daniel Sheu
President, The Society of Systematic Innovation

圖 1.7　林永禎教授商業管理萃思進階班結業證書

1.4 商業管理萃思（Business TRIZ）的定義與架構

　　一種理論要容易被運用，理論具有清楚的定義與架構，是重要因素，以下介紹商業管理萃思的定義與架構。

1.4.1 商業管理萃思（Business TRIZ）的定義

　　「商業管理萃思」是基於萃思思考邏輯（核心）的系統化商業管理創新方法。「商業管理萃思」是比較完整的中文名詞，國際上以往稱為「商業管理萃思（TRIZ for Business and Management）」，大約

在 2019 年起稱爲「商業萃思（Business TRIZ）」以簡化名詞。有少數情況簡稱「BizTRIZ」，若是簡稱「BizTRIZ」要先說明它的定義。

萃思思考邏輯的重要做法：善用前人創新技巧、善用各種資源、考慮事物空間相對位置關係與時間前後變化、消除矛盾、以最少成本達到最大功能或價值等做法。萃思思考邏輯的的精神就是歸納科學技術與商業管理創新過程的基本原理，經過足夠成功案例驗證有效，轉變爲可重複運用容易管理的操作方式。

商業管理創新則是指組織產生新的思想並將其轉換爲有用的做法（產品設計、服務方式或作業方法）的過程，最終目的是創造新的價值，這個價值是組織想要的，不論是賺到許多錢，變成更有名，還是幫助更多需要幫助的人等都可以。一個有創造力的組織能夠不斷地將所產生的新思想轉變爲某種有用的結果。一般來說創意是指以獨特的方式整合各種思想或在各種思想之間建立起獨特的關係使能產生一些用途、價值，這是「創意構想」。能激發創意的組織，可以不斷地開發出做事的新方式以及解決問題的新辦法。將創意產生的構想具體的執行出來，這是「創新成果」。能把創新成果讓許多人或組織運用，若以三創（創意、創新、創業）的觀念來說等於是創業，相當於產品類把產品去販售，這是「創業販售」。

商業管理創新是指企業把新的商業管理要素（如新的管理方法、新的管理手段、新的商業模式等）或要素組合引入商業管理系統以更有效地實現組織目標的創新活動。

1.4.2 商業管理萃思的架構

在商業管理上管理者往往傾向於簡化問題，然後決定策略。大多數經理人不會遵循問題解決的過程，只想要快速處理問題，他們完全基於他們的直覺和商業經驗。例如：許多其他商業領域，如行銷，開發，供應鍊和生產，都是採用這種方式。但現今萃思技術及其獨特的思維提供了一個良好結構，高功效的問題解決過程。基於萃思的方法通過對非技術問題使用，如同圖 1.8 所示，從定義問題、分析問題、產生創意、組合創意、排序創意的過程，可以實現和增強商業和管理中快速優化決策的能力。

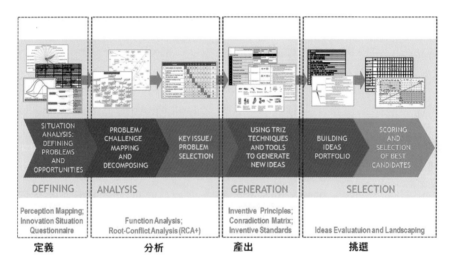

圖 1.8 　商業管理萃思的創新過程

資料來源：修改自 Valeri Souchkov (2017)

　　Valeri Souchkov（2015a）將問題的分析與解決過程，以問題解決 / 系統改進與未來的路線圖分為兩大部分，並詳細說明了各個步驟的邏輯串連與適用的工具。我在 2018 年 2 月與 Valeri Souchkov 討論後做了局部調整如下圖 1.9 所示。

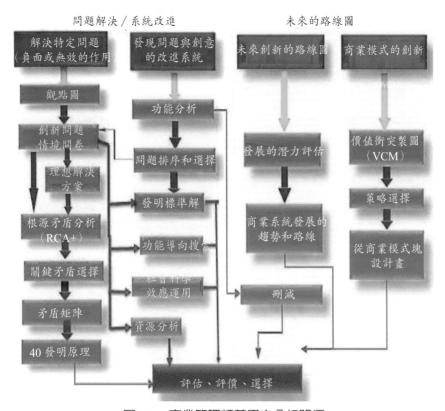

圖 1.9　商業管理類萃思之分析路徑

資料來源：林永禎（2019）

1.5 商業管理萃思的重要觀念

　　Valeri Souchkov（2015b）認為商業管理創新是指在新的背景脈絡中，一種產品或商業概念的（新的或已知的）想法，能創造公認的價值並成功實施。系統化商業管理創新是將商業管理創新結構化，建立一系列的流程步驟來完成商業管理創新的任務。這裡是引用 Valeri Souchkov 原文，因此稱為「商業管理創新」，在本文中某些部分稱為「商業管理創新」或「商業管理 TRIZ」是因為該活動、文章是這樣稱呼不宜改變主辦單位、作者所採用的名稱；而其他部分稱為「管理創新」、「管理 TRIZ」是為了避免有些人因為名稱而限制了運用的範圍。

　　Valeri Souchkov（2017）認為創新可以分為三類「價值主張」、「流程」、「系統」。

1. 「價值主張」創新是指「產品／核心技術」的創新，例如：設計與製造出不同功能的新產品、提高產品的性能、降低產品的製造成本，研發出新的技術可以運用在不同的產品上，能提供顧客所需的服務。

2. 「流程」創新是指「生產／製造／商業」流程的創新，a. 生產流程指「將原料轉化為可銷售實際成品」的過程，成品可以是具體的產品與無形的服務，這種產品可被直接販售給顧客，像是把木頭做成椅子，椅子可以拿去販賣，按摩師傅利用按摩技巧幫顧客身體循環變好收取服務費。b. 製造流程指「將採購來的原料轉化為成品」的不同程序，包括進料、工具、機械、成品等等。通常生

產比較偏向最後產品的完成（產品是什麼樣子），製造比較偏向於製造程序（產品是如何做出來），製造有時可以包括生產。c. 商業流程是為達到特定的價值目標（為特定客戶或市場提供好處）而由不同的人分別共同完成的一系列結構化的、可度量的活動。活動之間不僅有嚴格的先後順序，而且活動的內容、方式、責任等也都必須有明確的安排和界定，以使不同活動在不同崗位角色之間進行轉手交接成為可能。活動與活動之間在時間和空間上的轉移可以有較大的跨度。前述是廣義的商業流程，狹義的商業流程，則認為它僅僅是與客戶價值的滿足相聯繫的一系列活動。

3. 「系統」創新是指「商業／價值生產和獲取」系統的創新，以往的旅館業通常是蓋好旅館完善軟硬體設施後，提供出租的房間給顧客收取費用；現在 Airbnb 是全球最大的旅館業，雖然它沒有擁有任何旅館，但是它的旅宿軟體平台讓你能夠住進世界各地願出租的房間，這就是一種「商業系統」的創新。「自媒體」的誕生，把原本製作影片給觀眾看收取費用的方式，改為製作影片給觀眾看，向廠商收取廣告費用觀眾不用付費，這就是一種「價值生產和獲取系統」的創新。

　　Valeri Souchkov（2015b）把「商業管理創新」分為五類「價值主張（產品、服務）」、「商業流程」、「商業系統」、「商業模式」、「價值網絡」。前三類在創新可以分為三類「價值主張」、「流程」、「系統」中已有提到。

　　「商業模式」是「描述一個組織如何創造、傳遞及獲取價值的手段與方法。商業管理創新需要彙整做這個策略得到利益者（利害相關

者）的需求，並挑選一個商業模式，做市場趨勢分析。目前許多企業
家與投資者所使用者是由《獲利世代（Business Model Generation）》
的作者 Alexander Osterwalder 與其團隊所提出的「商業模式圖
（Business Model Canvas）」，來描述與分析商業模式，2015 年 1 月
21,22 日 Valeri Souchkov 的 'Systematic Business Model Innovation' 工
作坊，也是採用這個商業模式來說明方法。

　　Alexander Osterwalder 的「商業模式圖」聚焦在市場需求，系
統化地組織 9 個要素：目標客層（Customer Segments, CS）、價值
主張（Value Propositions, VP）、通路（Channels, CH）、顧客關係
（Customer Relationships, CR）、收益流（Revenue Streams, R$）、關
鍵資源（Key Resources, KR）、關鍵活動（Key Activities, KA）、關
鍵合作夥伴（Key Partnership, KP）、成本結構（Cost Structure, C$）
（亞歷山大・奧斯瓦爾德，2012）。

　　「價值網絡」是指由利害相關者之間相互影響而形成的價值生
成、分配、轉移和使用的關係及其結構。企業所處的大環境，本質上
就是由利害相關者所形成的結構，例如：在超級市場這個環境中，利
害相關者是怎麼樣組合在一起的，就是一個價值網絡。而在便利商店
這個環境中，利害相關者以另外一種方式組合起來，就變成了另外一
個價值網絡。在企業發展的過程中，不斷的在所處的大環境中發展或
強化鏈接。從「價值網絡」的思考，企業可以改變與競爭對手的競爭
方式，競爭方式不再只限於提供不同的價值主張，而在於有不同的合
作與連結！最近我聯絡學生的時候，跟 20 年前都是用打電話，留簡
訊不同，最近都是用 LINE 留言與通話比較有效，許多學生根本不看

簡訊，如果企業沒有掌握這種大環境，還在做簡訊功能的優化研發，很可能是白費力氣。

1.6 商業管理萃思的組織與活動

有別於 1.2 節提到的，以科學技術為主的國際萃思協會，目前商業管理萃思唯一代表性的組織是 Valeri Souchkov 所創立的國際商業萃思協會，每年會辦理線上線下分享會，大約每年會舉辦一次國際研討會。

一、國際商業萃思協會（IBTA）

國際商業萃思協會（IBTA, The International Business TRIZ Association）為 Valeri Souchkov 於 2019 年所創立，Valeri Souchkov 並擔任其主席，是一個由個人、團隊和組織組成的團體，致力於在全球範圍內提供對萃思和商業和管理系統創新的認識，並創建一個交流和促進專業活動的平台，旨在與各級其他相關組織、協會和機構進行聯絡和合作。國際商業萃思協會提供其成員一個平台，以分享他們的新聞和即將舉行的活動，並就致力於萃思和商業和管理系統創新的各種問題提供公開討論形式。

二、2019 國際萃思高峰會（TRIZ Summit 2019）

2019 年國際萃思高峰會於 6 月 13 日至 15 日在白俄羅斯明斯克

舉行。超過 150 名參與者參加了由 EPAM 主辦並得到萃思高峰會組織者團體和明斯克萃思俱樂部支持的活動。

　　國際萃思高峰會雖然從 2004 年開始舉辦第一屆已經過許多年，不過這次活動爲有史以來第一次包括「商業和管理萃思」部分。該部分的演講討論了各種主題：系統服務創新、通過商業模式創新解決商業問題的系統方法、使用萃思的金融科技創新、將設計思考與萃思結合使用、研究客戶的創新行爲以及概述商業萃思應用的各種實際案例。

　　〔以上國際商業萃思協會、2019 國際萃思高峰會之文字翻譯自國際商業萃思協會官網 http://www.biztriz.net/about.html〕

　　我也於 2019 國際萃思高峰會研討會發表論文，是亞洲唯二（台灣唯一）在此研討會發表論文的人，如照片 1.4 與照片 1.5 所示。

照片 1.4　林永禎教授於 2019 國際萃思高峰會研討會發表論文（取自 Valeri Souchkov LinkedIn 文章 TRIZ Summit 2019: Impressions）

照片 1.5　林永禎教授跟參加 2019 國際萃思高峰會者交流（取自 Valeri
Souchkov LinkedIn 文章 TRIZ Summit 2019: Impressions）

1.7 商業管理萃思小結

　　創新一直是推動人類文明進步的最重要因素之一。今天很明
顯，商業創新對於生存、發展和成功競爭的重要性不亞於技術創新。
現代商業環境非常動態和快速，信息技術和全球網絡消除了過去使企
業處於舒適區的邊界，市場不斷需要更好的產品和服務，即使是小公
司之間的競爭也發展到全球範圍。同時，沒有可靠且行之有效的方法
來幫助企業創新以按需要創建新的解決方案。為了尋找解決方案，越
來越多的商業人士將注意力轉向了萃思。萃思是用於「解決發明性問
題的理論」的術語。它起源於 20 世紀中葉，由俄羅斯發明家 Genrich
Altshuller 提出，目前是一套方法和工具，支持以系統和基於知識的

方式產生創造性思想和突破性解決方案的過程。在上個世紀末之前相對鮮爲人知，如今萃思已得到全球認可：全球越來越多的公司和組織將萃思視爲創新的最佳實踐。

　　商業管理創新的範圍比技術創新更廣。商業管理創新是關於創新一個包含技術系統的系統。商業管理創新可以用來提高服務品質、改善服務流程、構想新的商業模式。一些原本技術萃思的工具可以經過調整運用於商業管理方面，但是不要直接把技術萃思的工具沒有經過調整就運用於商業管理方面，這是技術萃思與商業管理萃思的大師Sergei Ikovenko 與 Valeri Souchkov 都認爲不適當的。目前許多商業管理創新的需求任務缺乏可以通過系統方法驗證的分析問題階段或產生創意階段之工具，商業管理萃思的工具可以明顯改善這些缺點。

　　本書是教科書，因此會比較詳細列出所介紹方法工具之細節，如果讀者是採用本書之方法工具寫碩士論文、期刊或研討會論文，則不需要引用太多本書內容，沒有在研究中使用到的部分不必詳細描述，例如許多的論文中所運用之觀點圖並未發現矛盾衝突之處，卻花不少篇幅介紹矛盾衝突鍊的理論與舉例，這反而顯得論文不夠精實、嚴謹。此外大家如果都把上課講義、教科書的文字、圖表直接放到自己論文中，沒有經過改寫文字，重製圖表，相似程度太高，論文比對時容易被認爲有抄襲的嫌疑，十分不利，建議介紹研究方法時，只將理論的代表圖表放到自己論文中，並經過改寫文字，重製圖表。

　　爲了幫助讀者容易記憶基本觀念，下面以金句方式做一個複習。

＊商業管理萃思情

商業管理類萃思

脫胎於傳統萃思

作者學自創始者

荷蘭籍萃思大師

本書理論與實例

建立觀念與技巧

組織活動與歷史

定義架構與觀念

1.8 實作演練

1. 什麼是創意性的問題？
2. 什麼是萃思解決問題的邏輯？
3. 什麼是商業管理萃思？
4. Valeri Souchkov 把「商業管理創新」分爲哪五類？每一類的定義是什麼？

參考書目

1. Chai, K.H., Zhang, J. and Tan, K.C.(2005). A TRIZ-based method for new service design. Journal of Service Research, 8(1), 48-66.

2. Kaplan(1996), An Introduction to TRIZ, the Russian Theory of Inventive Problem Solving . USA: Ideation International.

3. Mann, D. and Domb, E.,(1999, September). 40 inventive (business) principles with examples, *The TRIZ Journal*. Retrieved November 25,2016. from https://TRIZ-journal.com/40-inventive-business-principles-examples/.

4. Mann, D., (2002,May). Systematic win-win problem solving in a business environment, *The TRIZ Journal*. Retrieved November 25,2016. from https://TRIZ-journal.com/systematic-win-win-problem-solving-business-environment/

5. Resteptor(2008,September) .TRIZ and 40 Survival Imperatives . The TRIZ Journal.Retrieved November 25,2016. from https://TRIZ-journal.com/TRIZ-and-40-business-survival-imperatives/

6. Valeri Souchkov (2015a). Innovative Problem Solving with TRIZ for Business & Management, The Society of Systematic Innovation. Jan. 18, 19, 24, 25, Hsinchu, Taiwan(R.O.C)

7. Valeri Souchkov (2015b). Systematic Business Innovation: A Roadmap, TRIZfest2015. Sep. 10-12, Seoul, South Korea.

8. Valeri Souchkov (2017). Tutorial: TRIZ for Business, TRIZfest2017. Sep. 14-16, Krakow, Poland.

9. Valeri Souchkov (2019) TRIZ Summit 2019: Impressions https://www.linkedin.com/pulse/triz-summit-2019-impressions-valeri-souchkov/

10. Zhang,J., Tan, K.C. and Chai, K.H., (2003,September). Systematic

innovation in service design through TRIZ, *The TRIZ Journal*. Retrieved November 25,2016. from https://TRIZ-journal.com/systematic-innovation-service-design-TRIZ/

11. Zlotin, B., Zusman, A., Kaplan, L., Visnepolschi, S., Proseanic, V. and Malkin, S.,(2001,January). TRIZ beyond technology: the theory and practice of applying TRIZ to non-technical areas, The TRIZ Journal. Retrieved November 25,2016. from https://TRIZ-journal.com/TRIZ-beyond-technology-the-theory-and-practice-of-applying-TRIZ-to-non-technical-areas/

12. 亞歷山大・奧斯瓦爾德等人（2012），「獲利世代：自己動手，畫出你的商業模式」，早安財經出版。

13. 國際商業萃思協會官網 http://www.biztriz.net/about.html 2022/12/5 上網

第二章　基本工具簡介

　　商業管理萃思比較完整的工具，讀者可觀看第一章1.4節中圖1.9商業管理類萃思之分析路徑所示之架構。本書是介紹比較基礎的商業管理萃思理論，因此，限於篇幅以下將簡單介紹幾個商業管理萃思常用的工具，這些工具主要功能在於 1) 問題觀點圖：找出複雜組織系統或活動中不易辨識的問題點。2) 創新問題情境問卷：掌握欲創新或改善對象之情況所提出的各種問題與資訊。3) 理想解決方案：設想使問題本身能解決問題的解決方案。4) 資源分析：尋找能幫你滿足需求的周遭資源。5) 根源矛盾分析：挖掘問題點源頭的問題與所存在的矛盾，配合組織或活動績效找出優先要解決的矛盾。6)40 發明原理：讓運用的人可以容易模仿產生自己創意點子的做法。7) 矛盾矩陣表：可以查適合解決兩種矛盾特性的發明原理的矩陣表，查到後以發明原理解決組織或活動的矛盾。8) 點子評估和篩選：評估每個創意點子是否有符合解決問題需要的條件、估計到點子能執行所需要準備時間，來選擇點子中比較好的方案。9) 點子實施和優化：從所篩選到最高分最快可以實施的點子方案去實施，比較點子方案實施前後的狀況，確認點子是否能真正有效解決原本的問題，並且在實施中逐步優化為更好的點子。

　　這些工具主要可以分為「問題分析」、「產生解答」、「解答驗

證」三階段，三階段可依步驟進行。

一、第一階段：

　　包含 1) 問題觀點圖、2) 創新問題情境問卷、5) 根源矛盾分析，這些可以歸類為「問題分析」工具。

二、第二階段：

　　包含 3) 理想解決方案、4) 資源分析、6)40 發明原理、7) 矛盾矩陣表，這些可以歸類為「產生解答」工具。

三、第三階段：

　　包含 8) 點子評估和篩選、9) 點子實施和優化，可以歸類為「解答驗證」工具。

　　以下從 2.1 節至 2.9 節來介紹這些工具。三階段九步驟的商業管理萃思工具分類如表 2.1 所示。這些工具可以依一個流程圖來呈現其一般的運用關係，圖 2.1 的商業管理萃思基本工具運用流程圖即為由這些工具組合而成。

　　點子實施成果當然是很重要，能比較點子（創新方案）實施前後的狀況，更能確認點子的價值，也能逐步優化為更好的點子，但是不見得所有產生點子的人都有權利、能力、資源、時間去實施點子，所以一些創新方法的書並未將點子實施成果列入。不過，還是要鼓勵讀者能去實施所產生的創意點子，只有真正去實施點子，才能解決你的問題或提昇你的績效，能夠實施的點子才是有價值的點子。

表 2.1　三階段九步驟商業管理萃思工具分類表

步驟類別	商業管理萃思工具
問題分析	問題觀點圖、創新問題情境問卷、根源矛盾分析
產生解答	理想解決方案、資源分析、40 發明原理、矛盾矩陣表
解答驗證	點子評估和篩選、點子實施和優化

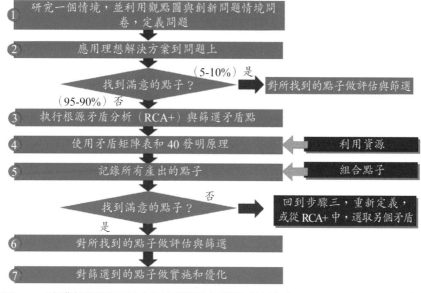

圖 2.1　商業管理萃思基本工具運用流程圖（修改自 Valeri Souchkov, 2015）

2.1 問題觀點圖

　　編號 1 的「問題觀點圖」（Problem Perception Mapping）這個工具可以幫我們看懂複雜情況，在此的「觀點」是指任何一個人或組織

的意見、價值或情境，也可以說是問題情況中的組成元素（因素）。「觀點圖」是指由多數觀點連接起來形成的圖，用以表達或分析人或組織間複雜的關係，特別可以在複雜模糊的商業管理情境下，辨識重要的觀點或矛盾。

例如：某一便利商店結帳太慢，客戶不耐久候而流失，什麼是最重要的影響因素呢？

經過蒐集相關人員（例如管理者、不同店員、代表性顧客）的看法，有許多大家提出來的影響因素：客戶太多、排隊動線設計不良、業務活動太多、店員不熟練、標價不明、收銀台太少、收銀台誘惑商品太多、結帳流程設計不良、發票紙更換廢時、咖啡準備費時、幫忙影印費時、找尋網購商品費時、ibon 查詢或購票費時查詢、加熱食品同時取貨店員費時、店員更換頻繁、找零頻繁、受理宅配包裝費時、大數據收集費時……。

你認為的最重要的影響因素與我認為的可能不同，有沒有相對比較客觀的辨別最重要影響因素的做法呢？

藉由一定的步驟，可以畫出這些影響因素之間的關係，計算出影響分數，使得容易找出最重要的影響因素。經過畫圖與計算分數，便利商店結帳太慢，客戶不耐久候而流失，最重要的影響因素是「業務活動太多」如圖 2.2 所示。

觀點圖所得到的資訊能夠用來在後面的工具編號 5 的「根源矛盾分析」中，能更深入地分析問題。

接下來介紹的「創新問題情境問卷」工具，讓問題能整理得更清晰。

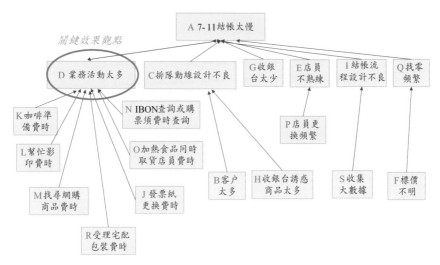

圖 2.2　便利商店結帳太慢之觀點圖（林永禎等，2018）

2.2 創新問題情境問卷

　　我們採用一種在此為編號 2 的「創新問題情境問卷」（Innovation Situation Questionnaire, ISQ）幫助我們快速掌握問題的 6 個要點，創新者在回答各種問題時，可能因此產生新的想法或方案。創新問題情境問卷可用在產品設計或商業管理，圖 2.3A,B 分別為產品設計或商業管理兩類。問卷有 6 個部分，以下利用公共場所肥皂不太衛生想要創新設計為例來說明：

1. 描述目前需要的創新情況。例如：在公共場所洗手，公用的肥皂常因為許多人使用過而浸泡在肥皂水中，容易滋生細菌；而且公用肥皂經過許多陌生人使用過，使用起來也會覺得不太衛生。

問題	回答
1. 請自由描述目前需要的創新情況：（ex. 某種情況下，某種設備、物品的使用，產生某種缺點、困擾或不夠滿意）	在公共場所洗手，公用的肥皂常因多人使用而浸泡在肥皂水中，容易滋生細菌；而且經過許多陌生人使用過，使用起來也會覺得不太衛生。
2. a 這情況裡有哪些東西，b 描述一個需要改進的東西當系統（產品）〔限於你能改變的部分〕	1. 公用肥皂、肥皂盤、水、水龍頭、洗手水槽、排水孔、手 2. 肥皂盤（裝肥皂的容器）
3. 描述一個 a 關鍵問題及 b 改進的目標	1. 關鍵問題：肥皂多人使用易生細菌。 2. 希望 　(1) 公用的肥皂能沒有滋生細菌，保持衛生。 　(2) 公用的肥皂能保持乾燥，也不會被許多陌生人使用過。
4. 列出評估未來產生解決方案之標準（5-10 要求條件）。越具體越好。	1. 公用的肥皂能保持乾燥 2. 每個人都可以只取用自己所需用的部分。 3. 取用時手部可以不用碰觸到肥皂，就不會被所有陌生人碰觸過。 4. 使用時要便利，置放於洗手台，隨手可得。 5. 改良成本不宜過高，2000 元內。
5. 是否有已知解決方案解決此問題／挑戰嗎？如果有，列出來。若不適用則具體說明為何此方案不適用於你的情況	以洗手乳取代肥皂，但洗手乳大多含防腐劑，影響環境及身體健康。
6. 是否有自己提出任何改進的點子嗎？如果有，描述已想到的點子；點子滿意嗎？若不滿意，針對每個點子具體說明為何它不適用於你的情況。	使用肥皂粉碎機，將肥皂置於機器中，手心向上對準出孔，按按鈕的同時，肥皂即被粉碎落下。可以不用碰觸到肥皂，肥皂也不會潮濕，衛生方便。 ＊點子滿意

圖 2.3A　公共場所肥皂不太衛生之創新問題情境問卷

問題	回答
1. 請自由描述目前需要的創新情況：（ex. 某種情況下，某種設備、物品的使用，產生某種缺點、困擾或不夠滿意）	7-11 結帳速度太慢，客戶不滿而流失
2. 這情況裡有哪些東西，描述一個需要改進的東西當系統（產品）〔限於你能改變的部分〕（ex. 你設計新的高鐵訂票系統，但是你執行的可能性很低）	流程、動線、業務活動
3. 描述一個關鍵問題及改進的目標	業務活動太多
4. 列出未來解決方案需要達到的主要需求和條件清單（5-10 要求條件）。越具體越好：	1. 10 秒結帳完畢。 2. 友善服務態度 3. 店員數不能增加。 4. 營業額不能減 5. 成本不能增加 15%。 6. 增加顧客滿意度
5. 是否有已知解決方案解決此問題／挑戰嗎？（ex. 查 Google、淘寶網或專利資料庫保溫產品）如果有，列出來。若不適用則具體說明為何此方案不適用於你的情況	1. 增加一個快速結帳櫃檯（矛盾：成本變高） 2. 離峰待價（矛盾：營收變少） 3. 咖啡自助沖泡給折扣（矛盾：營收變少） 4. 機動增加人手（矛盾：成本變高）
6. 是否有提出任何新的（自己的設計：構造、材質、使用方式與查得到的設計有明顯不同才是創新）改進點子嗎？如果有，描述已想到的點子；點子滿意嗎？若不滿意，針對每個點子具體說明為何它不適用於你的情況。	業務簡化，設區隔特殊業務專營店只賣少種類特別、受歡迎的產品（矛盾：營收變少）

圖 2.3B　便利商店結帳太慢之創新問題情境問卷（修改自林永禎等，2018）

2. a. 這情況裡有哪些東西（這情況裡有的東西可稱爲「情境組件」）。例如：公用肥皂、肥皂盤、水、水龍頭、洗手水槽、排水孔、手。

   b. 描述一個需要與想要改進的東西當系統（要改進的東西可稱爲「待改進組件」）〔限於你能改變的部分，若選了你沒權力、能力改變的部分，即使想出很好的設計也沒有辦法實施，只是白費力氣〕。例如：你想要改進的是肥皂盤（裝肥皂的容器）。

3. a. 描述一個「關鍵問題」。你研究判斷後，覺得問題中比較關鍵的、影響比較大的，例如：解決公用的肥皂會滋生細菌問題，保持衛生。

   b. 描述改進的目標（要達到的狀態可稱爲「改進的目標」）。例如：希望公用的肥皂能保持乾燥，也不會被許多陌生人使用過。

4. 列出未來達成改進目標之解決方案（幫助達到目標的做法可稱爲「解決方案」）需要達到的要求條件（能評估方案達到目標效果程度高低的標準可稱爲「要求條件」）清單（5-10 項評估標準）。

   例如：

   (1) 公用的肥皂能保持乾燥。

   (2) 每個人都可以只取用自己所需用的部分。

   (3) 取用時手部可以不用碰觸到肥皂，就不會被所有陌生人碰觸過。

   (4) 使用時要便利，置放於洗手台，隨手可得。

   (5) 改良成本不宜過高，2000 元內。

5. 描述是否有已知解決方案來解決此問題／挑戰？如果有，適用性如何？若不適合爲何不適用？請具體說明已知方案各種不適用來

解決此問題的原因。例如：以洗手乳取代肥皂，可以每個人都可以只取用自己所需用的部分，但洗手乳大多含有防腐劑，容易影響環境及身體健康。

6. 描述是否有自己提出任何改進的新點子？ 如果有，適用性如何？點子滿意嗎？若不滿意，針對每個點子具體說明爲何它不適用於你的情況。例如：使用肥皂粉碎機，將肥皂置於機器中，手心向上對準肥皂粉碎機下方開孔，按按鈕的同時，肥皂即被粉碎落下。可以不用碰觸到肥皂，肥皂也不會潮濕，衛生方便。

　　經由問卷的 6 個部分，大部分的問題可以有一個完整的掌握，有利於後續的處理。其中，第 4 項問題：「改進的目標、解決方案需要達到的主要需求和條件清單」，在最後將用來評估所產生新的想法或方案。

　　「創新問題情境問卷」其中的 4. 列出未來達成改進目標之解決方案需要達到的要求條件，可用於編號 8 的工具「點子評估和篩選」中，當做評估方案達到目標效果程度高低的標準。

　　接下來介紹的「理想解決方案」工具，是產生解答的第一個工具，若它能解決問題則是最理想的情況。

2.3 理想解決方案

　　編號 3 的「理想解決方案」就是經過你的設計，問題本身能解決問題，不用執行物件（設備、載體、人、組織等）而能自行達到所需要的功能，是最理想的解決方案，不過能做到的比例不高，估計是

5% 左右。我們要怎麼使問題自己解決問題呢，有兩種方式。

1. 正面效果（這裡指「得到想要結果」）的理想解決方案。

   這是指完全免費快速的實現期望的目標。理想解決方案是一種可能無法實現的假想情況，但它是解決問題過程中的目標，也是評估解決方案的主要標準。例如：

   (1) 執行物件：銷售人員

   (2) 功能：推銷產品

   (3) 理想的解決方案：在沒有銷售人員推銷的情況下出售產品。

   (4) 解答想法：通過網路銷售產品，進行直接營銷（商品由工廠直接銷售）

2. 負面效果（這裡指「消除不想要結果」）的理想解決方案。

   這是指產生負面影響的對象（設備、載體、人、組織等）可以完全消除負面效果的影響，而無需添加任何新東西。例如：筆記電腦太吵，原因是電腦中的降溫風扇太吵。如何解決？

   (1) 公式：產生噪音的降溫風扇如何消除噪音？

   (2) 產生負面影響的對象：降溫風扇

   (3) 理想的解決方案：降溫風扇自行解決太吵的問題。

   (4) 解答想法：2011 年蘋果專利，解決此問題。用非對稱扇葉。個別扇葉噪音不大，多片扇葉頻率一樣，產生共振時，噪音變很大。非對稱扇葉頻率不一樣，不會產生共振，噪音變很小。

   接下來介紹的「資源分析」工具，是比較少人使用，又很重要的工具。

2.4 資源分析

　　編號 4「資源分析」（Resource Analysis）是找尋解決問題的資源，在此的「資源」是指任何可以有利解決問題、提高效益的因素。可以依照一定步驟或順序去找尋在你的周遭是否有存在一些資源，能幫你滿足需求。在萃思中，資源扮演很重要的作用，正確識別和使用資源有利於確保科學技術或商業管理系統的最高程度的理想性。

　　理想性＝功能÷（成本＋害處），增加功能、降低成本、減少害處等都可以增加理想性。

　　這裡把資源分為六類：空間、時間、系統、超系統、單雙多、資訊。每一類有對應的資源利用方式。其中空間資源是一般最容易利用的資源，空間資源利用的方式為找到可直接提供利用能完成某功能的空間。例如：利用學校教室沒上課的空檔，舉辦新生座談會，這是利用空檔空間。利用學校操場旁沒有使用的空地，拿來當作舉辦新生烤肉的空間，這是利用閒置空間。利用平常沒在使用的車庫，經過整理增加一些桌椅機具，可以拿來當作研發電腦的空間，這是利用整理後的閒置空間。資源的類別與利用方式，如表 2.2 所示。

　　你想要解決問題、提高效益可以從這六類「資源」的利用方式去設想，常常可以激發新的點子做法。

　　接下來介紹的「根源矛盾分析」工具，是「問題分析」、「產生解答」、「解答驗證」三階段中承先啟後的工具，在某些特別情況下，已經有一個確定要處理的問題點，可以直接從「根源矛盾分析」開始解決問題的流程。

表 2.2　資源類別利用方式表

資源類別	資源利用方式
空間	可直接提供利用或經過整理後能完成某功能的空間。例如：空檔空間、閒置空間、網路空間、虛擬空間。
時間	增加效益的時間運用方式。例如：過程的延遲或加速，或改變運作方式的順序或節奏。
系統	現有活動中之組成元素，可以提供增加不足、缺乏的作用，降低過度作用的特性因素。例如：物質、能量、場等。
超系統	活動相關外在環境中之組成元素，可以提供增加不足、缺乏的作用，降低過度作用的特性因素。
單雙多	縮小、擴大規模。結合現有的活動成為其中一部分。把目前的活動切割成許多更小部分。
資訊	改變互動方式或規則，信息交流，檢測，測量，適應問題，正向和負向反饋和前饋，知識，經驗，感覺。

2.5 根源矛盾分析

　　「矛盾」是指「為了達到某個目標，而對於同一對象，必須滿足兩個不能同時達到的要求」所出現的魚與熊掌不可兼得的情況。像是：如果廣告預算多花一些，則宣傳的效果會大一些，但是成本會增加。編號 5「根源矛盾分析」（Root Conflict Analysis）是一種因果關係圖，藉由「正面效果」、「負面效果／原因」、「假設效果／原因」、「不能改變的負面原因」、「矛盾原因」五種組件圖例，「且」、「或」兩種關係圖例，來呈現因果關係的圖。五種組件，兩種關係都將在第五章根源矛盾分析中詳細說明。

　　圖 2.2 顯示便利商店結帳太慢，客戶不耐久候而流失，這個問題情境，最重要的影響因素是「業務活動太多」，接下來就要挖掘爲什麼會「業務活動太多」，在此爲了讓讀者容易理解，以簡化方式來說明。便利商店「業務活動太多」經過訪問與觀察，是因爲「其他競爭對手提供之服務越來越多」、「顧客要求多樣性」、「主管任何錢都想賺」，這些是第一層原因。

　　「其他競爭對手提供之服務越來越多」、「顧客要求多樣性」是一起才產生強大影響力，所以是「且」的關係（在圖 2.3 中呈現兩個箭頭指向一個小圓圈爲「且」關係），若只是「其他競爭對手提供之服務越來越多」但沒有「顧客也跟著要求要有同樣服務」，促使便利商店增加新的業務的力量就不大；若只是「顧客要求要有某樣服務」但沒有「其他競爭對手提供這樣服務的越來越多」，同樣的促使便利商店增加新的業務的力量就不大。此外，也因爲「主管任何錢都想賺」所以會增加服務的項目（在圖 2.3 中兩個箭頭指向某一效果，沒有小圓圈爲「或」關係），爭取賺錢機會。

　　接下來挖掘第二層原因，「顧客要求多樣性」是因爲「顧客爲了自己方便省時」，在同一家便利商店自己想要的服務項目都有，就不用再到別家店，可以節省自己時間。「主管任何錢都想賺」是因爲「有大的績效壓力」，績效壓力大，就任何錢都想賺。

　　接下來挖掘第三層原因，「顧客爲了自己方便省時」是因爲「顧客忙碌」，在顧客忙碌的情況下，自然希望可以節省自己時間。主管「有大的績效壓力」是因爲「市場競爭激烈」，臨近的便利商店都使盡渾身解數吸引顧客，想要維持舊顧客、吸引新顧客是有很大的績效

壓力。

因為「其他競爭對手提供之服務越來越多」、「顧客忙碌」、「市場競爭激烈」都不是這家便利商店自己能夠控制或改變的（是屬於「不能改變的負面原因」在右上方標兩個負號「－－」），因此，就挖掘原因到此為止。

接下來找這些原因之中是否有某些是可能產生正面好處的，若是有某些原因可能產生正面好處，則這個原因就是能產生「正面效果」與「負面效果」的「矛盾原因」。

「顧客忙碌」會產生剛才說過的「顧客為了自己方便省時」這個負面結果，只要不能方便省時滿足顧客需求，顧客就會到別家能滿足的店去消費，不會有忠誠度；但是，從正面思考，「顧客忙碌」也促使這家便利商店，去做到「需要提供便利性服務」給顧客這個正面結果，因此，「顧客忙碌」是一個「矛盾原因」，它會同時產生「顧客為了自己方便省時」這個「負面效果」，與「需要提供便利性服務」給顧客這個「正面效果」。同樣的，主管「有大的績效壓力」也是一個「矛盾原因」，它會同時產生「主管任何錢都想賺」這個「負面效果」，與「激發找到新市場」這個「正面效果」。

將剛才所描述的內容，畫成圖示的關係，就如圖 2.3 所示。

接下來可以比較所找到的「矛盾原因」，排序出矛盾原因的名次，影響比較大、比較重要的矛盾原因，可以優先處理。這裡採用「兩兩比較法」來進行比較，如表 2.3，便利商店的兩個「矛盾原因」，是「顧客忙碌」比主管「有大的績效壓力」重要，掌握顧客需求比較重要。排序完畢後，會得到這些矛盾原因比較後的重要性順

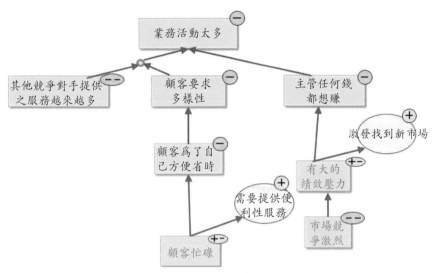

圖 2.3　便利商店業務活動太多之根源矛盾分析圖

序，將這些矛盾原因依照重要性順序從上往下排列，這樣就能一目了
然哪個比較重要，可以從比較重要的矛盾原因開始處理。便利商店的
矛盾原因名次如表 2.4 所示，最重要的矛盾原因是「顧客忙碌」。

表 2.3　便利商店的矛盾原因比較排序表（兩兩比較法）

No	Problems	1	2	SCORE
1	顧客忙碌		+1	+1
2	有大的績效壓力	-1		-1

表 2.4　便利商店的矛盾原因名次表

No	Problems	SCORE
1	顧客忙碌	+1
2	有大的績效壓力	-1

　　矛盾原因要用「矛盾矩陣」來處理，以免顧此失彼。「矛盾矩陣」工具會在 2.7 節做工具介紹。

　　根源矛盾分析能辨識出負面的連鎖反應與分析其根源，協助建立其原因與結果之間的因果關係，協助找出「潛藏」的原因，協助對問題看法達到共同認知，協助認知到改善的可能性。

　　接下來介紹的「40 發明原理」工具，就是這「問題分析」、「產生解答」、「解答驗證」三階段中，用來產生創意點子的主要工具，在某些特別情況下，有可能直接找「40 發明原理」的提示做法與例子，來模仿產生自己的創意點子做法，解決問題。

2.6 40 發明原理簡介

　　一般人遇到前述的這種矛盾情況，大多是採取折衷的方式，抓一個平衡點來處理。但是一個有創意的人不願意採取折衷的方式，而是希望兩個不能同時達到的要求都能比現況有明顯改善，這就需要有跟以往不同的做法。

　　一些專家研究了以往許多有創意解決矛盾的做法，整理歸納爲 40 個比較通用的有效做法，稱爲「40 發明原理」是編號 6 的工具。每個發明原理有提供一些提示做法（或者稱爲「子原理」）與例子，讓運用的人可以容易模仿產生自己的創意點子做法。

　　例如：第 1 個發明原理爲「分割」，這個發明原理做法有 1.「將系統或標的對象分割成獨立或相互連結的小物件」、2.「將系統或標的對象分割成小組件，以便在必要之時可以輕易將其中之小組件作分

離，分離後也容易組合回來」、3.「系統或標的對象是由較小的元素組裝而成的」、……、7.「增加分割間的差異性」等 7 個，例子有「將企業中較大的部門分割爲許多較小的單位」、「評估一個複雜的活動是藉由許多不同的參數以保持整體績效平衡」、「將評價標準打破爲較小的部分」、「藉由不同的配置方式，將來自相同元素的東西，組合成不同的最終產品」等 11 個。比較詳細的「40 發明原理」會在後面描述，這裡是先讓讀者有「發明原理」的概念，後面「矛盾矩陣」就是幫忙找到「40 發明原理」中，哪幾個發明原理，以往比較適合解決所遭遇到的矛盾。

發明原理通常具有廣泛的含義，使得可以從多方面的解讀。藉由「40 發明原理」可以獲得不是容易想到的解答方向，提高創意思考。

接下來介紹的「矛盾矩陣表」工具，可以讓你找到比較適合的發明原理來構想創意點子。

2.7 矛盾矩陣表

「發明原理」有 40 個，每個都有一些做法與例子，全部仔細想一遍要花費比較久時間，而且一般人也難以有精神持續對 40 個發明原理的每個做法與例子，全部仔細想一遍，因此需要能對各種矛盾問題，找到比較有效率的發明原理來設想創意點子做法解決問題。因此，比較有效率的發明原理是藉由一種查表方式來找，這一種查表方式使用的表稱爲「矛盾矩陣表」是編號 7 的工具，從這表中查到的這些發明原理理論上有較高的解決問題機會。

　　在前面「2.5 根源矛盾分析」段落中提到矛盾是指「當爲了達到某個目標而對於同一對象必須滿足兩個不能同時達到的要求」所出現的左右爲難情況。我們由兩個不能同時達到的要求，轉換爲兩個特性的描述（商業管理萃思稱爲「效果參數」有正面效果參數與負面效果參數兩種，正面效果參數是會達成想要結果的特性，負面效果參數是會達到不想要結果的特性），再由兩個特性的描述，來查「矛盾矩陣表」，找到比較有效率的發明原理來設想創意點子做法解決問題。限於篇幅，在此不詳細說明「矛盾矩陣表」。我們採用便利商店的例子做簡要說明，由圖 2.3 之根源矛盾分析圖，得到便利商店的兩個「矛盾原因」，是「顧客忙碌」、主管「有大的績效壓力」，這兩個「矛盾原因」的正面效果與負面效果如表 2.5。

表 2.5　便利商店的矛盾識別表

	矛盾	正面效果 / 負面效果
1	顧客忙碌	需要提供便利性服務 / 顧客爲了自己方便省時
2	有大的績效壓力	激發找到新市場 / 主管任何錢都想賺

　　表 2.5 中的正面效果與負面效果，要找最接近的「正面效果參數」與「負面效果參數」才能查「矛盾矩陣表」，表 2.6 爲將表 2.5 中的正面效果與負面效果，找最接近的「正面效果參數」與「負面效果參數」列於表中。

表 2.6　便利商店的矛盾參數識別表

	矛盾	正面效果參數／負面效果參數
1	顧客忙碌	需要提供便利性服務（4 活動時間）／顧客為了自己方便省時（30 顧客穩定度）
2	有大的績效壓力	激發找到新市場（1 活動效用性）／主管任何錢都想賺（3 活動費用）

　　再來就是查「矛盾矩陣表」得到幾個適合解決矛盾的發明原理。查表過程圖示如圖 2.4 所示。從下方比較重要的矛盾原因「顧客忙碌」開始，列出「正面效果參數」為「需要提供便利性服務」，這是屬於本問題的「特定正面效果參數」；「負面效果參數」為「顧客為了自己方便省時」，這是屬於本問題的「特定負面效果參數」；由「特定正面效果參數」與「特定負面效果參數」構成本問題的「特定的矛盾」。

　　接下來將「特定正面效果參數」「需要提供便利性服務」找尋最接近的「通用正面效果參數」，得到編號 4 的「通用正面效果參數」為「活動時間」，因為顧客需要便利商店提供便利性服務來節省自己購物活動的時間；將「特定負面效果參數」「顧客為了自己方便省時」找尋最接近的「通用負面效果參數」，得到編號 30 的「通用負面效果參數」為「顧客穩定度」，因為若是這家便利商店不能提供顧客所需要的便利性服務，顧客會毫不猶豫離開，到別家商店購買，因此對便利商店，顧客是沒有穩定度的。由「通用正面效果參數」與「通用負面效果參數」構成本問題的「通用的矛盾」，由通用的矛盾「通用正面效果參數 #4 活動時間」與「通用負面效果參數 #30 顧客穩定度」可以用來查矛盾矩陣。

　　最後一步驟是查「矛盾矩陣表」得到解決前面「通用的矛盾」最常用有效的「發明原理」，這些發明原理會用來幫助構思新的解決問題點子方案，這個例子所查到的發明原理編號爲 1,2,12,31，每個發明原理的編號、名稱、提示作法與舉例將會在第三篇中詳細說明。

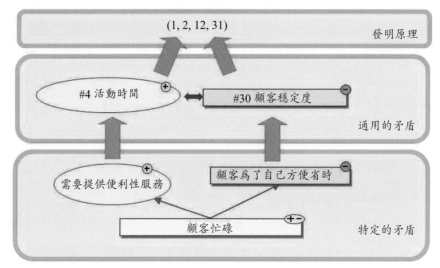

圖 2.4　便利商店顧客忙碌矛盾由矛盾矩陣找尋適用發明原理示意圖

　　由圖 2.4 中 4 個適合解決矛盾的發明原理編號爲 1,2,12,31，所構想得到的點子方案有 4 個，如表 2.7 所示。表 2.7 中編號 1 的點子方案爲提供許多忙碌顧客所需要的客製化物品或服務組合，因爲案例便利商店是位於大學門口旁邊，發生問題的情況是，中午下課時間許多大學生一起湧入商店，多人要排隊結帳，需要比較久的時間，沒有耐心等候的學生就離開了，便利商店也就損失了一些賺錢的機會，如果便利商店能事先歸納出幾種大學生顧客常會一起購買的產品，例如 3

種餅乾、2 種泡麵為 1 組，這樣本來要結帳 5 次就會變成只要結帳 1 次，可以大幅縮短結帳時間。

　　有些特別忙碌的學生，例如在趕碩士論文的研究生，可能忙得沒有時間去買日用品，吃飯可以叫 Uber Eats 外送食物，日用品可以網購，便利商店也可以利用地利之便，對學校學生另外設立忙碌學生所需要的快速送貨部門，因為便利商店就在校門口旁而已，送貨物到學校給學生會比外送食物或網購日用品還要快速很多，這就是編號 2 的點子方案。

　　編號 3 的點子方案為離峰時間特價，除了週一到週五中午為尖峰時間，下課時間許多大學生一起湧入商店，週一到週五晚上時間，進修部夜間上課時間較多大學生一起進入商店購物外，週六、週日大學生到便利商店購物人數大幅降低，只剩下一、兩成放假不回家的學生、外籍學生會到便利商店購物，而這些學生也常會跟著在週一到週五中午下課時間跟著同學一起湧入商店，為了讓這些假日還在學校的學生不要在尖峰時間來購物，可以在週六、週日便利商店人數較少之離峰時間，實施優惠價格，例如物品大都 85 折，吸引這些假日還在學校的學生來購物。

　　編號 4 的點子方案為網路顯示顧客估計等待時間，如果便利商店有在網路上顯示顧客擁擠程度，要前往該便利商店前，大學生就可以在網路上看到顯示顧客擁擠程度，紅色就表示很擁擠，看到的大學生可不要靠近購物了，黃色就表示有點擁擠，看到的大學生就考慮不靠近購物，藍色就表示不擁擠，看到的大學生就可考慮靠近購物，綠色就表示沒什麼顧客，看到的大學生就可直接過去購物。以上為較詳

細的說明文字，為了使表格簡潔容易閱讀，則以較精簡文字，列於表 2.7 中。

表 2.7　便利商店發明原理產生的點子方案

編號	產生的解答
1	提供許多忙碌顧客所需要的客製化物品或服務組合（歸納幾種忙碌顧客所需要的內容）
2	另外設立忙碌顧客所需要的快速送貨部門
3	離峰時間特價
4	網路顯示顧客估計等待時間

接下來介紹的「點子評估和篩選」工具，可以讓你從產生的許多創意點子中，找到比較適合你、有效益的構想方案。

2.8 點子評估和篩選

編號 8 的工具是「點子評估和篩選」。找尋解決的問題的點子有兩種情境。一種情境是找到最有可能解決一個特定的問題的點子，這時候的目標是找出一個最好的點子。另一種情境是找到一個產生點子的組合架構，這時候的目標是找出一些有很高潛力的點子（為了建立新產品組合、做創新路徑圖、市場多元化、技術多樣化）。這裡是採用「多準則決策矩陣」來估算點子的績效，「多準則決策矩陣」需要同時考慮兩個或兩個以上對點子的需要達到解決問題條件，對每個需要達到條件的重要性給予不同權重，再對每個創意點子評估是否有

符合達到條件，進行計算分數，這是點子的績效，點子的績效分數越高，可以視為越好的點子。接下來，評估每個創意點子準備好到可以執行的時間為「估計所需準備時間」，「估計所需準備時間」越短，就是越快能執行的點子。一般我們所要選擇的是又好又快的點子。依據適當的、利害關係者共識的評估標準，選出最佳的點子方案，是這個工具的重點。如果沒有考慮利害關係者，可能就會選出只有對你有利，其他人難以接受的方案，例如：加班新方案如果只有考慮老闆的角度，可能會選出加班費低、加班時間長的方案，這方案實施起來，只有老闆喜歡，員工可能陽奉陰違準備有機會就跳槽，公司也可能接到勞委會的警告與處罰，最後方案無法真正長期執行。

因為表 2.7 中只有 4 個點子方案，就不採用「多準則決策矩陣」與「估計所需準備時間」來選擇其中比較好的方案，這兩種評估方式將會在第七章點子評估、篩選與實施中詳細介紹，這裡改用比較簡單的兩兩比較法。點子方案兩兩比較法結果如表 2.8，其中得分最高者為「另設快速送貨部門」，其次為「網路顯示等待時間」，點子方案名次排序結果如表 2.9。

表 2.8　便利商店點子方案兩兩比較法

No	Problems	1	2	3	4	SCORE
1	客製化物品或服務組合		-1	+1	-1	-1
2	另設快速送貨部門	+1		+1	+1	3
3	離峰時間特價	-1	-1		-1	-3
4	網路顯示等待時間	+1	-1	+1		1

表 2.9　便利商店點子方案名次排序

No	Problems	SCORE
1	另設快速送貨部門	3
2	網路顯示等待時間	1
3	客製化物品或服務組合	-1
4	離峰時間特價	-3

　　排序出最佳點子方案後，要真的去執行會產生效果，所以接下來介紹的「點子實施和優化」工具，就是提醒你確實去執行最佳點子方案，告知如果執行效果不佳，可以處理的方式。

2.9 點子實施和優化

　　編號 9 的工具是「點子實施和優化」。點子方案名次排序好之後，一般而言應該要從所篩選到最高分最快可以實施的去實施，比較點子方案實施前後的狀況，確認點子是否能真正有效解決原本的問題，並且在實施中逐步優化為更好的點子，若是實施效果不如預期，可能是點子評估的標準有可以改進之處，也可以如圖 2.1 所示回到步驟三，重新定義矛盾，或從根源矛盾分析中，選取其他的矛盾。

　　如果仍然實施效果不如預期，也可以回到圖 2.1 的步驟一，重新定義問題，有時候一開始，就對問題不夠了解（不是自己經歷過一段時間的事件，沒有深度訪談與體驗問題情境），基於不完整，甚至存在一些錯誤資訊的情境，所分析的結果就不精準，產生的方案很可能

效力不彰。

　　有些人花費不少時間分析問題、產生創意方案，但是對產生的方案根本沒有執行的權力，也沒多少機會能說服有決定權的人來執行，這樣其實產生的方案根本沒有產生效益的機會。也有些人花費不少時間分析問題、產生創意方案，但是所選擇的問題對產業沒有什麼重要性，或是問題情況很少發生，這樣產生的方案根本沒有什麼明顯用途，這樣其實產生的方案根本也沒有多少產生的效益。建議選擇一個自己熟悉、有執行機會、有相當影響力的主題，是做這種創新很重要的考慮因素，否則極可能會白忙一場，沒有產生任何效益，這是這個工具的重點。

2.10 基本工具口訣與小結

　　本章以商業管理萃思比較基礎的工具，利用便利商店結帳太慢的例子，來說明圖 2.1 商業管理萃基本工具運用的過程，提供讀者當作寫商業管理萃思論文的參考。這家便利商店結帳太慢的情況大約是在 2016 年發生，當時出入這學校的 1 萬多位學生大都由大門口通過，所以中午下課一起湧入這便利商店的情況經常發生，在 2023 年寫本書的時候，學校側門又開設了新的通路，通到另外有許多新開商店的街道；這學校內部又開了另一家便利商店；這幾年少子化影響減少了一些學生人數，在許多因素影響之下，學校門口這家便利商店結帳太慢的情況已經消失，所以問題是會隨著時間而變化的，研究過的主題經過一段時間後可能是要再評估當時情況下是否需要重新檢討。

　　如同第一章小結所提到的，我指導碩士論文過程中，發現許多運用商業管理萃思的碩士論文，大部分內容比較像是投影片或講義的書寫方式，而且圖表內容多於本文文字敘述，比較不像文章的書寫方式，我曾經數次提醒增加本文的文字敘述，但是因為沒有給予研究生例子參考，大部分研究生仍然模仿已經畢業學長姊的碩士論文，在採用商業管理萃思方法寫自己主題的碩士論文時，圖表內容沒有加以比較清楚的敘述，因此本章可以提供寫碩士論文寫法的參考。至於後面的章節，因為內容較多，詳細敘述的寫法，可能佔據太多篇幅，因此有些地方並未加以比較清楚的敘述，讀者若是參考後面章節的方式寫論文時，仍應採取詳細敘述圖表的寫法。至於如果是在碩士論文寫研究方法的部分時，則盡量不要把各個方法像是教科書寫得很詳細，因為從 2022 年發生多起知名人物論文抄襲風波後，教育部更加重視論文的相似度比對，以往許多研究方法內容跟畢業學長姊的碩士論文一樣的方式，已經會有論文的相似度比對結果比例很高的問題，所以研究方法可能就精簡介紹方法之步驟，一個代表的圖或表就好。

　　我有研究生看到我以往指導畢業之碩士論文誌謝中，有許多克服困難創造奇蹟的案例，誌謝寫到：「指導教授總是不放棄我，鼓勵我，很細心的指導我，陪著我一直修、一直改，一直修、一直改……直到完成初稿，可以口試。」就認為自己是因為工作忙碌沒有進度，我會不斷去幫忙他想方設法處理他所遇到的難題，這實在是看到局部漏掉整體的主觀見解。人之間的互動都是相對的，我平常也有極多的教學研究工作要做，能夠不斷的投入時間精力去鼓勵某學生與修改碩士論文，一定是我的投入有得到回應才會持續投入（例如我修改方向

後兩天後，就把論文內容依照修改意見修改完畢並傳給我，以利後續步驟的修改），若無相對回應則會轉而去做眼前忙碌的工作。如果研究生沒有寫出論文內容來，指導教授也是不能幫學生寫論文，否則就會發生學術倫理問題，研究生不能得到碩士學位。如果研究生遇到問題也不向指導教授說明，說要申請口試的學期，有兩週沒有設法給指導教授合理進度（例如兩週增加 10 頁新的內容），指導教授要看你目前進度的碩士論文檔案，現況檔案只要找出檔案傳出來就好的，經過一週都沒有給指導教授看，指導教授會覺得你沒有在重視論文進度，這樣等到申請口試時間到了，沒有進度，指導教授不會同意你申請口試。之前我曾經沒有看到完整論文就同意申請論文口試，口試前一週研究生卻沒有交出論文口試完稿，致使發生撤銷論文口試的情況已經發生兩次，造成行政作業的困擾，影響口試委員行程的安排，造成許多不好結果。

　　為了幫助讀者容易記憶基本的解決問題流程，下面以金句方式做一個複習。因為理想解決方案、資源分析是比較少被用到，所以金句不包含這兩個工具。

＊商業管理萃思行

詳蒐問題寫情境

拆解情境列觀點

導向觀點畫爲圖

分類計算觀點分

頂分觀點挖原因

　　　　　　　每個原因找正面

　　　　　　　有正有負是矛盾

　　　　　　　矛盾矩陣解矛盾

　　　　　　　查找矩陣找原理

　　　　　　　利用原理想創意

　　　　　　　評估創意排順序

　　　　　　　執行優先的創意

2.11 實作演練

1. 什麼是商業管理萃思工具三階段九步驟分類表？
2. 商業管理萃思問題分析的工具是什麼？每個工具的定義是什麼？
3. 商業管理萃思產生解答的工具是什麼？每個工具的定義是什麼？
4. 商業管理萃思解答驗證的工具是什麼？每個工具的重點是什麼？

參考文獻

1. 林永禎、鄧志堅、白東岳、黃采薇、崔廣文，「以管理 TRIZ 方法進行便利商店結帳太慢之創新改良」，2018 系統性創新研討會，中華系統性創新學會／東海大學工業工程與經營資訊學系主辦，東海大學，台中市，2018 年 1 月 20 日。（獲優秀論文獎）。（ISBN 978-986-93880-4-7）

2. Valeri Souchkov. (2015). Innovative Problem Solving with TRIZ for Business & Management, The Society of Systematic Innovation.

3. Valeri Souchkov. (2017). TRIZ and Systematic Innovation: Techniques and References for Business and Management, ICG Training & Consulting, Enschede, The Netherlands

第二篇 商業管理萃思基本工具的運作方法（解決矛盾）

在第二章本書舉例介紹了商業管理萃思基本工具的運用過程，讓讀者先有一個整體印象，接下來的各章，將會對第二章所介紹的 9 個工具，做比較詳細的說明。

在 1.5 節商業管理萃思的重要觀念中，介紹了 Valeri Souchkov 把「商業管理創新」分爲五類「價值主張（產品）」、「商業流程」、「商業系統」、「商業模式」、「價值網絡」，並舉例說明其中的意義。下表 3.1 爲在商業管理創新上經常遇到需要做的某種任務，例如提高品質、降低成本、新增收入、減少瓶頸，在五類「商業管理創新」中的哪一類可以應用，這類任務在分析問題階段可以採用哪種工具？在產生創意階段可以採用哪種工具？

以遇到「提高品質和可靠性」這個任務爲例，在「價值主張」、「商業系統」、「商業流程」、「商業模式」、「價值網絡」這五類在商業管理營運上都可以應用到「提高品質和可靠性」，想要「提高品質和可靠性」在分析問題階段可以採用的工具有「問題觀點圖」、「根源矛盾分析」、「產品／流程的功能分析」，在產生創意階段可以採用的工具有「40 發明原理」、「商業系統演化趨勢」，當你需要「提高品質和可靠性」時，就可以運用這些工具。

由於本書所介紹的是商業管理萃思基本工具的運作方法，主要用來解決矛盾，還有許多工具沒有介紹，因此在表 3.1 看到有不在本書介紹的工具時，讀者可以忽略，這裡列出來，只是爲了讓讀者有比較整體的概念。下面簡單介紹其中「功能分析」、「刪減」、「商業系統演化趨勢」，讀者若不能理解，並不影響對本書的學習。

功能分析是用來辨認一個流程（各步驟的功能）、活動、或商業

產品（例：一項服務）的組件之間的功能互動，建立系統的功能之間互動的模型，以辨認出有關系統功能裡會出現的問題。再把所得到的問題公式化以利於採用其他萃思工具得出解答。

　　刪減系統的組成元件可以幫助增加系統或流程的理想性程度，一個流程／系統或它的組成元件（活動，子系統），如果它的功能可以被其它組成元件（活動，子系統）或超系統（系統內任何子系統對其他子系統相當於超系統）代替執行，則可以被刪減。

　　商業系統演化趨勢類似技術類演化趨勢，歸納出以往商業系統隨著時間變化的規則形態，將每個時間變化的規則形態分為數個階段，當匹配到商業系統目前是在演化趨勢線的某一階段時，則可以預測將會往後面的階段前進，因此可以預測此商業系統的未來變化。

　　如果沒有採用新的方法，只有使用舊的方法不斷努力，你卻希望產生新的結果，除非你的運氣很好，新的結果是不會達成的。古人（最常見指的是愛因斯坦，但還有數種說法，故在此寫古人）說過：「每天重複做同樣的事情，卻還期待會出現不同的結果，這種人應該就是瘋子！」某些公司只是很努力的每天做同樣的工作，卻沒有創新的思維與工具，都無法長久的發展。

　　如同在第一章提到的，諾基亞被微軟收購而消失之時，在記者招待會上，諾基亞（NOKIA）的 CEO 約瑪・奧利拉（Jorma Ollila）最後說了一句話：「我們並沒有做錯什麼，但不知為什麼，我們輸了。」說完，連同他在內的幾十名諾基亞高管不禁落淚。諾基亞會失敗並不是偶然的，而是因為一次戰略性的失敗。約瑪・奧利拉在其回憶錄中承認，他在任內曾做出幾個錯誤的判斷，包括未能成功預測

表 3.1　商業管理創新之任務、應類別用、分析問題工具與產生創意工具對照表

通用任務	應用類別	分析階段	產生創意
提高品質和可靠性（減少負面影響）	價值主張、商業系統、商業流程、商業模式、價值網絡	問題觀點圖、根源矛盾分析（RCA＋）、產品／流程功能分析	40 發明原理、商業系統演化趨勢
提高性能（提高正面效果）	價值主張、商業系統、商業流程、商業模式、價值網絡	問題觀點圖、根源矛盾分析（RCA＋）、產品／流程功能分析	40 發明原理、商業系統演化趨勢
大幅降低成本	價值主張、商業系統、商業流程、商業模式、價值網絡	產品／流程功能分析	刪減、商業系統發展趨勢
減少產品的「尺度」物質量，信息量，花費的時間。	價值主張、商業系統、商業流程、商業模式	產品／流程功能分析	刪減、商業系統演化趨勢
減少瓶頸	商業流程、商業系統、商業模式	流分析	40 發明原理
提高可擴展性	商業模式		商業系統演化趨勢、商業模式分類
引入新的收入來源	商業模式	價值衝突圖	商業系統演化趨勢

客戶需求轉變及開發新軟體的必要性等，致使諾基亞，這家由他一手打造而成的昔日全球最大手機廠商，跌落神壇（原文網址：https://kknews.cc/digital/q2vre28.html）。諾基亞是一家值得敬佩的公司，諾基亞並沒有做錯什麼，只是世界變化太快，它沒有系統創新方法與掌握外在環境變化，也就錯過了機會，表 3.1 中許多的商業管理創新之任務、應類別用、分析問題工具與產生創意工具，都能夠幫助諾基亞系統創新方法與掌握外在環境變化。

　　一般人能夠很容易產生有用的新構想，並將新構想轉換爲有用的方案嗎？除非他是天才，一般人通常是不容易做到的，所以如果有些創新的工具，就能幫助他更有效率做到創新構想方案，對他的成功就幫助很大。所以在本篇，接下來要介紹一套包含許多工具（也就是做法、步驟）在一起的系統化方法，來幫助我們產生商業管理的創新方案。

第三章　問題觀點圖

3.1 觀點圖的定義與應用步驟

一、觀點圖的定義

在第二章已經簡介「問題觀點圖」（Problem Perception Mapping）這個工具可以幫我們看懂複雜情況。在此對基本觀念簡要說明一下。

(一) 名詞定義

1. 觀點（Perception）是指任何一個人或組織的意見、價值或情境。也可以說是問題情況中的組成元素（因素）。

2. 觀點圖（Perception Map）：是指由多數觀點連接起來形成的圖，用以表達或分析人或組織間複雜的關係，（特別在複雜模糊的商業管理情境下），辨識重要的觀點或矛盾。

(二) 問題情境描述：客觀、完整的描述問題現象。

(三) 問題歸因、脈絡化：挖掘問題因素之間的關係，確認哪個因素會導致另外的哪個因素，例如因素 A 會導致因素 B。

二、應用問題觀點圖的步驟

依照 Valeri Souchkov 2015 年的教材，應用問題觀點圖有 7 個步驟：

步驟 1：描述問題現象。

步驟 2：向組織其他成員詢問問題。（例如：問題是什麼？這個問題
　　　　為什麼會發生？）

步驟 3：紀錄與彙整出各組員的觀點列為表。（可以採用寫便利貼方
　　　　式彙整觀點）

步驟 4：連結所有觀點，透過箭頭符號定義問題的導向關係，畫出觀
　　　　點圖。（提醒：觀點不能一對多，但允許一對一和多對一）

步驟 5：定義關鍵效果觀點。（例如：集中點為來自較多觀點原因指
　　　　向的效果觀點。）

步驟 6：選擇一個適配關鍵效果的問題做進一步分析。

步驟 7：如果有多個關鍵效果觀點（例如：各來自相同數量的觀點所
　　　　形成的集中點），則選擇或比較各個關鍵效果觀點，找出最
　　　　合適的關鍵效果觀點來解決問題。

　　這 7 個步驟可以分為 3 個階段。首先，步驟 1 至步驟 3 是「完成
觀點表」階段。在詳細描述問題，之後，向組織其他成員詢問問題，
例如：問題是什麼？（找出原因）、這個問題為什麼會發生？（找出
問題發生原因），最後利用「觀點表」將大家的觀點彙整記錄下來
（問題脈絡化），並標示編號（通常用 ABC……）。

　　其次，步驟 4 是「完成觀點圖」階段。完成「觀點表」後，透
過箭頭符號定義觀點之間的導向（促成）關係（導向關係類似因果關
係，但是因為後面根源矛盾分析更強調因果關係，所以這裡稱為導向
關係），將觀點連結起來，繪製成觀點圖。

　　最後，步驟 5 至步驟 7 是「找到關鍵效果觀點」階段。完成觀點

圖後，開始針對每個觀點計分，來找到關鍵效果（問題）觀點，關鍵效果觀點為總分最高者。完成觀點圖後，開始針對每個觀點計分，來找到關鍵效果（問題）觀點，關鍵效果觀點為總分最高者。

3.2 問題情境描述

一、描述之注意事項

在開始做研究與分析之前，要找適合自己的主題與問題情境，設定研究範圍，若是做自己掌握得不好的主題與問題情境，最後可能花費許多力氣，沒有達到應有的效果，好的開始是成功的一半。

1.研究者要盡量蒐集完整問題資訊

在開始做觀點圖之前，研究者要盡量蒐集完整問題資訊，相關人事時地物、問題發生在哪種情況？發生之情況？除了現場觀察，發放問卷，深度訪談之外，還可以查看相關研究期刊、論文、政府統計資訊，使得資料盡量多元完備。

2.研究者要有一個主要的角色角度

研究者在描述問題情境也應該有一個主要的角色角度，研究者站在管理者角度、被管理者角度，商店角度、顧客角度，所描述的問題也會有些差異。這主要角色角度在最後面選擇最適合結果（後面會提到的關鍵效果觀點）時，會產生影響，就是要判斷最後的關鍵效果觀點是否在研究者可以改善的範圍內、所涉及的系統元件是否能被研究者改變。

3. 要是研究者最熟悉與容易蒐集完整問題資訊的事物

研究與分析自己工作或生活中的問題，自己的資訊與體驗應該最多。若是研究者最熟悉的事物，也比較能判斷導向、衝突等關係，是最好的運用問題觀點圖的對象。若只是看到新聞報導或是公司公告的流行議題、政治正確的主題，自己卻沒有實際接觸過相關事物，這樣做分析容易隔靴搔癢、抓不到重點，得到的結果可能用途不大。

4. 要盡量找研究者有機會實施的主題

因為整個問題流程仔細做一遍會花費許多的精力，因此要盡可能的找研究者能實施的主題，以增加實施所產出最佳方案的機會。例如教師研究你所教學課程的學習效果改善，你完全可以決定要如何教導學生；教師研究你所負責校外實習課程的實習學生中止飯店實習情況改善，你完全可以決定要如何輔導學生；文書工作者研究你工作所負責文書作業效率的改善，你完全可以決定要如何處理文書作業；體能訓練者研究你所負責體能訓練的成效改善，你完全可以決定要如何訓練學生體能；招募者研究你工作所負責招募員工素質的改善，你完全可以決定要如何招募員工的方式。如果你覺得高鐵公司網路訂票系統有某些缺點，會造成某些情況下某些顧客的困擾，於是你觀察、訪問許多遇到這些問題的訂票顧客，收集了許多問題情況的相關資料，經過分析問題，產生新的解決方案，提供給高鐵公司，很可能高鐵公司會給你一封感謝信，感謝你投入許多的關心，但是高鐵公司會採用你解決方案的機會可能很低，高鐵公司會有自己處理問題的內部人員與標準程序，會自己來產生解決方案，通常不會採用你的解決方案。

5. 要盡量不要多種情況混雜的主題情況

　　有時候一個主題可能包含許多不同類型群體的情況，混雜在一起可能比較難聚焦，這時候就把主題中切割出一個較小而一致性高的主題類型群體來進行分析研發。例如：某台鐵車站在排班方面有遇到一些困擾，但是有排班困擾的有許多不同的單位，售票收票單位、鐵軌保養維修單位、車廂清潔整理單位、車次調度單位等等，發生困擾的情況相當不同，如果都混在一起，可能問題會很複雜難以聚焦，所以研究者可以再依據前面 4 個注意事項，選擇其中一個單位的困擾去研發，會比較容易聚焦產生創新成果。

二、問題情境舉例

　　為讓讀者容易掌握，在此舉兩個具體情境當例子，這是我指導兩位研究生的材料，修改而來。

1. 問題情境 a 手搖飲料店尖峰時間顧客久候造成問題（修改自黎氏清微碩士論文）

　　夏季時天氣炎熱，許多人都想喝一杯清涼的飲料。中午吃飯時間也有許多人也想喝飲料，下午某些大公司常訂購大量飲料。這一些因素造成在尖峰時間，經常會遇到在手搖飲料店外面有很多人要購買飲料而需要排隊，造成飲料店員工的壓力、緊張。員工動作很急時，有時候容易做錯客人所點的飲料、弄壞東西、丟掉還沒做好的飲料等問題。加上飲料店排班固定，尖峰時間員工不夠，完成客人訂單速度很慢，所以客人要等很久，造成在店外排隊排得很長，這樣對飲料店外面美觀不太好，而且還會阻擋到別人走路經過的路線。更嚴重的後果

就是因爲客人看到這家飲料店外面有很多人要等待，就不想來買飲料了，這樣影響到這家飲料店的收入很大。（修改自黎氏清微，2023）

2. 問題情境 b 某科大餐旅系實習學生小成提出中止飯店實習（修改自黃鈺芳碩士論文）

　　桃園區某科大餐旅系，校外實習課程爲必修學分，學生需要進行爲期一年的校外實習通過考核才能畢業。該系學生於校外實習期間表現頗受好評，唯每屆約有 5-12 位學生會因各種因素提出中止實習申請，造成實習機構人力缺口或影響學生個人課業延畢等問題。學生在實習期間必須接受全職的工作內容，也可能搬離自己原生家庭在外租屋或居住在企業所提供的員工宿舍，綜觀「食衣住行育樂」都有很大的改變。部分實習學生是第一次接觸到職場，在校期間有打工經驗的人數不少，但系上實習機構多爲五星級旅館或知名餐飲業，整體工作要求較高，因而導致各類不適應的狀況產生。

　　小成（化名）平常缺乏運動，開始實習後勞動量突然暴增，造成身體不適的狀況。經過 20 天實習，小成開始發生膝蓋會發抖、右腿幾乎無力，疼痛難耐，幾乎無法爬樓梯，於是去門診，骨科醫生說小成重複蹲下跟推重物導致舊傷復發，引發膝蓋筋膜問題。骨科醫生囑咐小成需服用止痛藥及熱敷，並休養一段時間。小成認爲一直請假會造成飯店人力不足的困擾，持續吃止痛藥會影響腎臟，賠上健康，得不償失，故自就診後，未配合服藥治療，而是認爲只要自己實習，就會賠上健康。因此，小成決定自行向飯店提出離職，做到 9 月 30 日。餐旅系輔導老師與小成溝通多次，希望能聽從醫囑按時服藥與治療，並與飯店人資部主管協調讓學生休假調養身體，以期完成實習。小成

母親知道此事後，表示小成只要按時服藥就可以改善膝蓋筋膜問題，希望老師們能再幫忙安排讓小成能完成實習順利畢業。最終，小成未配合醫囑治療及實習訪視老師輔導，堅持辦理離職，中止校外實習。（修改自黃鈺芳，2022）

三、探究問題的原因與脈絡 - 繪製觀點表

詳細描述問題後，釐清問題元素之間的導向關係，同時也把訪談（可能包括觀察、量測資訊等蒐集資料之其他方式）過程中得到的觀點運用「觀點表」一一列出，並標示編號，如表 3.2 所示。將訪談結果進行彙整後，依據訪談中描述的問題狀況，歸納列出所有觀點，並將此觀點繪製成下表 3.2 的格式。

表 3.2 觀點表格式

觀點代號	觀點
A	觀點 A 描述（例如：「行動」通常是主詞＋動詞＋受詞，「狀態」通常是形容詞＋名詞）
B	觀點 B 描述
C	觀點 C 描述
D	觀點 D 描述
E	觀點 E 描述

1. 手搖飲料店尖峰時間顧客久候造成問題之觀點表

將前述問題情境描述中情境 a 手搖飲料店尖峰時間顧客久候造成問題，所描述之問題情境，拆解為一個一個組成的元素「觀點」，

「觀點」即為一個片段行動、狀態等的描述。觀點表可以想像為把前面問題情境描述的文章，畫重點，比較不重要、沒有影響性的文字去掉，將這些重點列在一個表格中。手搖飲料店尖峰時間顧客久候造成問題之觀點表如表 3.3 所示。在表 3.3 之中，代號 B 夏季時天氣炎熱是一種「狀態」，代號 C 大量客人想喝清涼的飲料是一種「行動」。

表 3.3　手搖飲料店尖峰時間顧客久候造成問題觀點表

觀點代號	觀點
A	客人排隊長時間
B	夏季時天氣炎熱
C	大量客人想喝清涼的飲料
D	大公司訂大量飲料
E	中午吃飯時間許多人也想喝飲料
F	尖峰時間人很多要排隊
G	飲料店員工的壓力、緊張
H	飲料店員工動作很急容易做錯或弄壞東西
I	飲料店排班固定
J	尖峰時間員工不夠
K	飲料店美觀不好，阻擋路人通過
L	飲料店收入被影響
M	完成客人訂單慢

資料來源：黎氏清微，2023。

2. 某科大餐旅系實習學生小成提出中止飯店實習之觀點表

　　同樣的將前述問題情境描述中情境 b 某科大餐旅系實習學生小成提出中止飯店實習，所描述之問題情境，拆解為一個一個組成的元素「觀點」，將這些觀點列在一個表格中。實習學生小成提出中止飯店實習之觀點表如表 3.4 所示。

表 3.4　小成中止飯店實習觀點表

觀點代號	觀點
A	小成大約實習 20 天後，右腳很緊，幾乎無法爬樓梯
B	小成工作後膝蓋會發抖、右腿幾乎無力，疼痛難耐
C	骨科醫生說小成重複蹲下跟推重物導致舊傷復發，引發膝蓋筋膜問題
D	醫囑小成需服用止痛藥及熱敷，並休養一段時間
E	小成認為一直請假會造成飯店困擾
F	小成認為持續吃止痛藥會影響腎臟，賠上健康
G	小成認為只要自己實習，就會賠上健康
H	小成決定自行向飯店提出離職，做到 9 月 30 日
I	輔導老師與小成溝通多次，希能繼續實習
J	小成平常缺乏運動，實習的勞動量突然暴增，造成身體不適的狀況，
K	母親表示小成只要按時服藥就可以改善膝蓋筋膜問題
L	母親希望小成能完成實習
M	母親希望老師們能再幫忙安排讓小成能順利畢業。

資料來源：黃鈺芳，2022。

3.3 記錄觀點間的導向關係繪製成觀點圖

完成「觀點表」之後，接著利用「觀點導向關係表」，將各觀點間的導向關係記錄下來，如表 3.5。

一、記錄觀點間的導向關係

(一) 注意事項

記錄觀點間的導向關係時有以下四項需要注意：

1. 觀點之間只有「導向」（導致或促成）的正向關係。
2. 觀點與觀點之間的關係只能是一對一。
3. 若以觀點與其他多個觀點產生關係，應選擇其中一個最重要、最相關的觀點之關係串聯。
4. 每個觀點與其他的觀點都應存在關係。

(二) 觀點導向關係表格式

觀點導向關係表格式如表 3.5，研究者將所得到的觀點編號列在表中，針對每一個觀點，找出最可能導向觀點標示在表的右側欄位，可以得到如表 3.5 的問題之觀點導向關係表。例如：觀點 A 最可能導向觀點 E。

表 3.5　　觀點導向關係表格式

觀點代號	觀點	最可能導向觀點
A	觀點 A 描述	E
B	觀點 B 描述	E
C	觀點 C 描述	E
D	觀點 D 描述	E
E	觀點 E 描述	A

(三) 觀點導向關係表案例

1. 手搖飲料店尖峰時間顧客久候造成問題之觀點導向關係表

　　將表 3.3 手搖飲料店尖峰時間顧客久候造成問題觀點表中的每一個觀點，找出最可能導向觀點標示在表的右側欄位，可以得到如表 3.6 的問題之觀點導向關係表。例如：觀點 A「客人排隊長時間」最可能導向觀點 K「飲料店美觀不好，阻擋路人通過」，因為飲料店外面客人排隊長時間，會造成店外聚集許多人，除了美觀不好，還會阻擋路人通過。

表 3.6 **手搖飲料店尖峰時間顧客久候造成問題之觀點導向關係表**

觀點代號	觀點	最可能導向觀點
A	客人排隊長時間	K
B	夏季時天氣炎熱	C
C	大量客人想喝清涼的飲料	M
D	大公司訂大量飲料	M
E	中午吃飯時間許多人也想喝飲料	M
F	尖峰時間人很多要排隊	G
G	飲料店員工的壓力、緊張	H
H	飲料店員工動作很急容易做錯或弄壞東西	M
I	飲料店排班固定	J
J	尖峰時間員工不夠	M
K	飲料店美觀不好，阻擋路人通過	L
L	飲料店收入被影響	J
M	完成客人訂單慢	A

資料來源：黎氏清微，2023。

2. 小成中止飯店實習之觀點導向關係表

　　將表 3.4 小成中止飯店實習觀點表中的每一個觀點，找出最可能導向觀點標示在表的右側欄位，可以得到如表 3.7 的問題之觀點導向關係表。

表 3.7　小成中止飯店實習之觀點導向關係表

觀點代號	觀點	最可能導向觀點
A	小成大約實習 20 天後，右腳很緊，幾乎無法爬樓梯	C
B	小成工作後膝蓋會發抖、右腿幾乎無力，疼痛難耐	F
C	骨科醫生說小成重複蹲下跟推重物導致舊傷復發，引發膝蓋筋膜問題	D
D	醫囑小成需服用止痛藥及熱敷，並休養一段時間	E
E	小成認為一直請假會造成飯店困擾	G
F	小成認為持續吃止痛藥會影響腎臟，賠上健康	G
G	小成認為只要自己實習，就會賠上健康	H
H	小成決定自行向飯店提出離職，做到 9 月 30 日	M
I	輔導老師與小成溝通多次，希能繼續實習	L
J	小成平常缺乏運動，實習的勞動量突然暴增，造成身體不適	A
K	母親表示小成只要按時服藥就可以改善膝蓋筋膜問題	L
L	母親希望小成能完成實習	M
M	母親希望老師們能再幫忙安排讓小成順利畢業	D

修改自：黃鈺芳，2022。

二、繪製觀點圖

　　完成「觀點導向關係表」後，將各觀點與觀點之間以箭頭符號定義並表現出問題的導向關係，根據表格結果即可繪製出對應的觀點圖，並連結所有觀點繪製成「觀點圖」，如下圖 3.1 所示。圖 3.1 是以表 3.5 內容為示範。

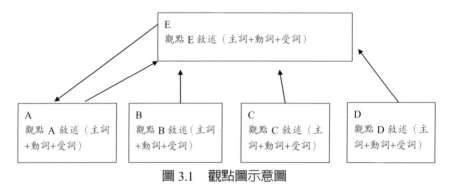

圖 3.1　觀點圖示意圖

1.手搖飲料店尖峰時間顧客久候造成問題之觀點圖

　　由表 3.6 手搖飲料店尖峰時間顧客久候造成問題之觀點導向關係表，可以繪製為如圖 3.2 之導向觀點圖。這個觀點圖為後續計算各個觀點分數之依據。

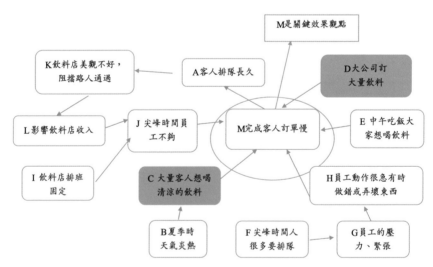

圖 3.2　手搖飲料店尖峰時間顧客久候造成問題之導向觀點圖

2. 小成中止飯店實習之觀點圖

由表 3.7 小成中止飯店實習之觀點導向關係表，可以繪製為如圖 3.3 之導向觀點圖。這觀點圖為後續計算各個觀點分數之依據。

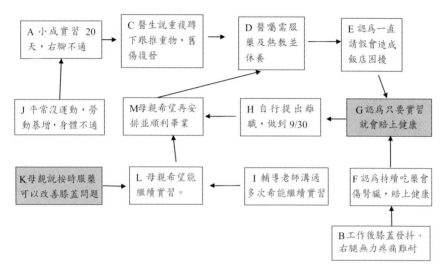

圖 3.3　小成中止飯店實習之導向觀點圖（修改自：黃鈺芳，2022）

3.4 對每個觀點計分找到關鍵效果觀點

完成「觀點圖」的繪製後，通過計算每個觀點圖的分數，可以找到關鍵效果觀點的所在，關鍵效果觀點為總分最高者。觀點圖中的計分型態圖有三種：集中點（Collector points）、迴圈（Loop）、衝突鍊（Contradiction Chain），其型態分別如圖3.4、圖3.5、圖3.6所示。將每個觀點的分數計算完後，最高分的觀點即為最需要被處理的關鍵效果觀點。

一、觀點計分方式

(一) 集中點（Collector points）

1.定義

　　「集中點」（集合點）是被 2 個以上觀點所導向之觀點。這樣表示有多個觀點導致或促成此觀點，此觀點被多個觀點影響，因此這個觀點就是集中點。如果有一個觀點有越多個觀點導向它，這代表各觀點越在意這件事，我們也必須花較多心思在這個集中點上，也表示此觀點的重要性越大，我們也必須花較多的心思在集中點上，因此需要多花點時間討論集中點代表的觀點。

2.集中點型態示意圖

　　集中點的樣子如圖 3.4，是觀點圖型態最常見到的一種。

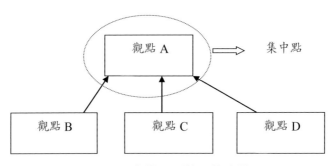

圖 3.4　觀點圖型態 1 集中點

3.集中點舉例：小明成績不好

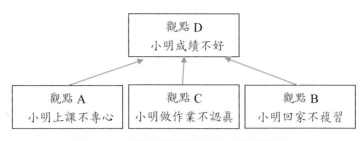

圖 3.5　小明成績不好之集中點觀點圖

　　說明：小明因爲上課不專心、回家不複習功課、做作業不認眞做，導致成績不好。用畫圖來呈現這些因素之間的關係，就如同圖 3.5 的樣子，從圖中可以對導致小明成績不好的因素很清楚看出來。

4.集中點計分方式：n-1 分

　　公式：集中點分數＝n-1, n 爲導向集中點之觀點的數量。

　　集中點的計分方式是計算導向集中點觀點的數量 n，再減 1，有被 1 個觀點導向是基本應該有的，所以只有 1 個或沒有觀點導向的觀點爲 0 分。

　　由圖 3.2 可以看出 M 收到由左方逆時鐘方向 JCHED 共 5 個觀點的導向，依照計分方式此集中點 M 得 5-1=4 分。由圖 3.3 可以看出 G 收到由上下方 EF 共 2 個觀點的導向，依照計分方式此集中點 G 得 2-1=1 分。

(二) 迴圈（Loop）

1. 定義

　　「迴圈」是一個觀點依箭頭方向進行到下一觀點，最終又回到原來的觀點之觀點連線。任何一個觀點依箭頭方向進行到下一觀點，最終又回到原來的觀點，最後此鏈結形成一個迴圈。解決問題時可以優先考慮有迴圈的地方，因為只要改善其中一個觀點，其他觀點的問題便會不攻自破。

2. 迴圈型態示意圖

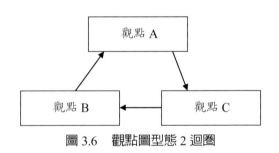

圖 3.6　觀點圖型態 2 迴圈

3. 迴圈舉例：熬夜讀書之連鎖反應

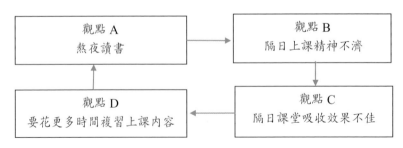

圖 3.7　熬夜讀書之迴圈觀點圖

　　說明：小明因下週要期末考，因此熬夜讀書，但熬夜讀書導致隔日上課精神不濟，課堂吸收效果不佳，晚上又要熬夜花更多時間複習白天上課內容，因而陷入無限迴圈。

4.迴圈計分方式：5 分

公式：迴圈上每個觀點分數 = 5。

　　迴圈上的每個觀點分數都是 5 分，因為迴圈可以無限循環影響很大，所以依據之前專家的研究給予 5 分。

　　由圖 3.2 可以看出左上方之 AKLJM 形成迴圈，依照計分方式迴圈上每個觀點得 5 分。由圖 3.3 可以看出右上方之 EGHMD 形成迴圈，依照計分方式迴圈上每個觀點得 5 分。

(三) 衝突鏈（Contradiction Chain）

1.定義

　　「衝突鏈」是有存在兩個衝突觀點之觀點連線。若是觀點圖有兩個衝突觀點，但是衝突觀點之間沒有形成連線就不是衝突鏈。有衝突存在於兩個觀點上，將兩個觀點所形成的鏈，稱為衝突鏈；衝突鏈著重於兩觀點有衝突存在的事實，而不在意衝突鏈中箭頭的方向性。

2.衝突鏈型態示意圖

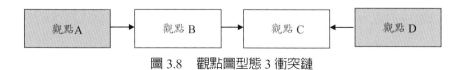

圖 3.8　觀點圖型態 3 衝突鏈

　　上圖爲舉例觀點 A 與觀點 D 相互衝突，因此在觀點 A 與觀點 D 的文字加上底色。

3. 衝突鏈舉例：父母意見不同

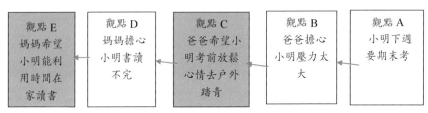

圖 3.9　父母意見不同之衝突鏈觀點圖

　　說明：下週要期末考，爸爸擔心小明壓力太大，希望小明能在考前放鬆心情去戶外踏青，然而媽媽擔心小明書讀不完，希望小明能利用時間在家讀書，因而產生父母觀點之衝突（C 跟 E 衝突所以文字加上底色）。

4. 衝突鏈計分方式：3 分

公式：衝突鏈上每個觀點分數 = 3。

　　衝突鏈的計分方式是衝突鏈上的每個觀點都 3 分。由圖 3.2 可以看出 C（大量客人想喝飲料）與 D（大公司訂大量飲料）產生衝突，C 是現場大量客人想喝飲料，這已經使造成 M 完成客人訂單慢了，而 D 是另外有大公司訂大量飲料，使造成 M 完成客人訂單更慢了，這是兩個訂單來源爭奪完成訂單的人力資源，所以 CMD 形成衝突鍊，依照計分方式衝突鍊上每個觀點得 3 分。由圖 3.3 可以看出 G（小成認爲只要實習就會賠上健康與 K（母親說按時服藥可以改善膝蓋問

題）產生衝突，所以 GHMLK 形成衝突鍊，依照計分方式衝突鍊上
每個觀點得 3 分。

二、選擇關鍵效果觀點

　　觀點圖繪製完成後，利用「觀點評分表（觀點導向評分表）」
計算每個觀點所對應的分數。觀點圖計分方式，計分以「集中點 n-1
分」、「迴圈 +5 分」、「衝突鍊 +3 分」作爲評分基準，在計算觀
點圖上的每個觀點的分數後再各自加總，得分最高者即爲最關鍵觀點
效果。以下舉表 3.8 爲例加以說明。從圖 3.1 看出只有觀點 E 收到超
過 1 個導向關點，得到 4-1=3 分。

表 3.8　**圖 3.1 之觀點評分表（觀點導向評分表）〔簡表格式〕**

觀點代號	觀點	導向觀點	分數
A	觀點 A 敘述（主詞＋動詞＋受詞）	E	0
B	……	E	0
C	……	E	0
D	……	E	0
E	……	A	3

　　由表 3.8 觀點評分表可知，「觀點 E」此項觀點得分最高，因此
E 即爲最應優先處理的關鍵效果觀點。

　　將圖 3.2、圖 3.3 之集中點、迴圈、衝突鍊的分數相加得到總分，
如表 3.9 與表 3.10。

表 3.9　手搖飲料店尖峰時間顧客久候造成問題之觀點評分表

觀點代號	觀點	導向觀點	集中點	迴圈	衝突鍊	總分
A	客人排隊長時間	K		5		5
B	夏季時天氣炎熱	C				0
C	大量客人想喝清涼的飲料	M			3	3
D	大公司訂大量飲料	M			3	3
E	中午吃飯時間許多人也想喝飲料	M				0
F	尖峰時間人很多要排隊	G				0
G	飲料店員工的壓力、緊張	H				0
H	飲料店員工動作很急容易做錯或弄壞東西	M				0
I	飲料店排班固定	J				0
J	尖峰時間員工不夠	M	1	5		6
K	飲料店美觀不好，阻擋路人通過	L		5		5
L	飲料店收入被影響	J		5		5
M	完成客人訂單慢	A	4	5	3	12*

　　由表 3.9 可得知，觀點 M「完成客人訂單慢」為得分最高之觀點，因此得知「客人要排隊長久問題」之關鍵效果觀點為「完成客人訂單慢」，這是本研究問題之關鍵效果觀點，亦是最應該著手處理的關鍵問題。

表 3.10 小成中止飯店實習之觀點評分表

觀點代號	觀點	導向觀點	集中點	迴圈	衝突鍊	總分
A	小成大約實習 20 天後，右腳很緊，幾乎無法爬樓梯	C				0
B	小成工作後膝蓋會發抖、右腿幾乎無力，疼痛難耐	F				0
C	骨科醫生說小成重複蹲下跟推重物導致舊傷復發，引起膝蓋筋膜問題	D				0
D	醫囑小成需服用止痛藥及熱敷，並休養一段時間	E	1	5		6
E	小成認為一直請假會造成飯店困擾	G		5		5
F	小成認為持續吃止痛藥會影響腎臟，賠上健康	G				0
G	小成認為只要自己實習，就會賠上健康	H	1	5	3	9*
H	小成決定自行向飯店提出離職，做到 9/30	M		5	3	8
I	輔導老師與小成溝通多次，希能繼續實習	L				0
J	小成平常缺乏運動，實習的勞動量突然暴增，造成身體不適的狀況，	A				0
K	母親表示小成只要按時服藥就可以改善膝蓋筋膜問題	L			3	3
L	母親希望小成能完成實習	M	1		3	4
M	母親希望老師們能再幫忙安排讓小成順利畢業	D	1	5	3	9*

　　由表 3.10 可得知，觀點 G「小成認為只要自己實習，就會賠上健康」與觀點 M「母親希望老師能再幫忙安排讓小成順利畢業」得分最高，但觀點 M 只是母親的希望，不如觀點 G 是小成自己的想法影響大，因此得知「小成中止飯店實習」之關鍵效果觀點為「小成認為只要自己實習，就會賠上健康」，這是本研究問題之關鍵效果觀點，亦是最應該著手處理關鍵問題。

(二) 選擇要解決關鍵問題之標準

　　有時關鍵效果觀點可能有數個，因此有以下兩個判斷規則供參考。

1.該關鍵效果觀點是否在我們可以改善的範圍內？

　　若關鍵效果觀點是我們無法改善的，或超出我們權限，則選擇此關鍵效果觀點無意義。例如表 3.10 觀點 G 的小成是輔導老師輔導的對象，比觀點 M 的小成母親更適合當成應該處理的關鍵問題。

2.該關鍵效果觀點涉及的系統元件是否可以被改變？

　　若關鍵效果觀點涉及的系統元件是不可以被改變的，則選擇我們無法改變的關鍵問題是沒有用途的。若我們選擇的關鍵效果觀點屬於高層級或影響太深的，則無法一時改變，但可視情況來做選擇，可以做長期規劃，若是問題有急迫性可能會緩不濟急。

　　由表 3.10 可得知，「小成認為只要自己實習，就會賠上健康」與「母親希望老師們能再幫忙安排讓小成順利畢業」觀點得分最高，小成的母親不在某科大餐旅系實習相關老師的輔導範圍內，也比較不是輔導老師可以改變的對象，實習學生小成才是在某科大餐旅系實習

相關老師的輔導範圍內，與應該去改變的對象，因此「小成中止飯店實習」這個問題情境之關鍵效果觀點是「小成認為只要自己實習，就會賠上健康」，亦是最應該著手處理的關鍵問題。

3.5 觀點圖小結

觀點圖是藉由拆解問題情境中的元素為觀點，將多數觀點以導向關係連接起來形成的圖，用以表達或分析人或組織間複雜的關係，找出其中產生最關鍵效果的觀點，當做分析問題的切入點，這方法對於複雜、模糊情況的釐清，很有幫助。

在此以簡單的口訣來幫助讀者記憶順序：

詳述情境

拆解觀點

導向觀點

觀點畫圖

觀點計分

關鍵觀點

3.6 實作演練

1. 什麼是觀點圖？

2. 請說明應用問題觀點圖的步驟？

3. 請簡要說明問題情境描述之注意事項。

4. 請說明記錄觀點間的導向關係時的注意事項。

5. 請說明三種觀點計分方式。

進階題

　　請模仿「手搖飲料店尖峰時間顧客久候造成問題」，或「小成中止飯店實習」的方式，做自己主題的問題觀點圖。依序從情境描述開始，依序做觀點表、觀點導向關係表、繪製觀點圖、將每個觀點的分數計算完，選最高分的觀點為最需要被處理的關鍵效果觀點。

　　所選的自己主題最好符合 3.2 問題情境描述中，「描述之注意事項」的之注意事項，1. 研究者要盡量蒐集完整問題資訊，2. 研究者要有一個主要的角色角度，3. 要是研究者最熟悉與容易蒐集完整問題資訊的事物，4. 要盡量找研究者有機會實施的主題，5. 要盡量避免多種情況混淆的主題情況。將所選的主題，每章研讀完畢，就增加這章的方法到你所做的主題，最後可以彙整出完整的商業管理萃思報告或論文。

參考文獻

1. Valeri Souchkov. (2015) Innovative Problem Solving with TRIZ for Business and Management, Training Course material, The Society of Systematic Innovation.

2. Valeri Souchkov. (2017). TRIZ and Systematic Innovation: Techniques and References for Business and Management, ICG Training & Consulting, Enschede, The Netherlands

3. 黃鈺芳（2022）。運用商業管理萃思改善餐旅系學生校外實習中斷問題，明新科技大學，管理研究所，碩士論文。

4. 黎氏清微（2023）。運用商業管理萃思改善飲料店尖峰時間顧客久候問題之研究，明新科技大學，企業管理系管理碩士班，碩士論文。

第四章　創新問題情境問卷

　　有具體問題情境需要創新改良，創新會比較有焦點；有評估未來產生解決方案之適當標準，會選出比較理想的創新成果來執行。在萃思（TRIZ）中有一個工具可以用來達到前述的目地：創新問題情境問卷是英文 Innovation Situation Questionnaire 的翻譯，英文簡寫為 ISQ。它是萃思理論為幫助創新者了解欲創新改良之對象與情境，所提出的各種問題與資訊，創新者在回答上面各種問題時，可對問題有更清晰的認識，並可能因此產生新的想法或方案。

4.1 問卷的組成

　　創新問題情境問卷是一個表格，表格中依序要創新者思考下列 6 個問題，並盡量描述出來，依序填寫這 6 個問題也可以說是填寫創新問題情境問卷的步驟：

1. 請自由描述目前問題與需要的創新情況。例如：在某種情況下，某種做法、設備、物品的使用，產生某種缺點、困擾或不夠滿意。

2. a. 在這情況裡有哪些東西（情境組件）？

　 b. 描述 a 之中一個需要、想要改進的東西當系統（待改進組件）〔限於你能改變的部分〕。

3. 描述在這情況裡的一個

　　a. 關鍵問題。

　　b. 改進的目標。

4. 列出評估未來產生解決方案之標準：要採用什麼項目判斷是否達成改進目標之需要，是否解決所遭遇問題？（5-10項評估標準）。

5. 描述是否有已知解決方案來解決此問題／挑戰？如果有，條列出來，並且每項具體說明適用性如何？若不適合爲何不適用？

6. 描述是否有自己提出任何改進的新點子？如果有，描述已想到的點子；針對每個點子具體說明適用性如何？點子滿意嗎？若不滿意，針對每個點子具體說明爲何它不適用於你的情況。

　　其中，第3個改進的目標、第4個評估未來產生解決方案之標準的清單，最後將用來評估所產生新的想法或方案。

　　問卷6個部分組成如表4.1之工作表格，讓創新者逐步思考問題與初步解答。

表 4.1　創新問題情境問卷表格

問題	回答
1. 請自由描述目前問題與需要的創新情況：（ex. 某種情況下，某種做法、設備、物品的使用，產生某種缺點、困擾或不夠滿意）	
2. a.在 1 這情況裡有哪些東西（情境組件）？ b.描述 a 之中一個需要、想要改進的東西當系統（待改進組件）〔限於你能改變的部分〕。	
3. 描述 1 之中一個 a 關鍵問題及 b 改進的目標〔通常關鍵問題是達成改進目標的問題／挑戰〕。	
4. 列出評估未來產生解決方案之標準（用什麼項目判斷是否達成改進目標之需要，解決所遭遇問題）。5-10 項評估標準。越具體越好。	
5. 是否有已知其他領域／行業解決此類問題／挑戰之解決方案？如果有，列出來並且每項具體說明是否適用於你的情況，若不適合為何不適用？	
6. 是否有自己提出任何改進的新點子？如果有，描述已想到的點子；針對每個點子具體說明是否適用於你的情況。 點子滿意嗎？若不滿意，針對每個點子具體說明為何它不適用於你的情況。	

4.2 問卷的運用案例 a：里長想要解決里民小孩課後照顧的問題但是力不從心

　　你爲什麼要創新？你一定有一個動機，你對什麼事情不滿意，創新問題情境問卷就等於是將你的不滿意用某一個格式去描述出來。這個描述方式比較能幫助你有效創新。在寫問卷之前，希望能有比較好的效果，跟第三章問題觀點圖第 3.2 節問題情境描述中第一部份描述之注意事項一樣，1. 研究者要盡量蒐集完整問題資訊，2. 研究者要有一個主要的角色角度，3. 要是研究者最熟悉與容易蒐集完整問題資訊的事物，4. 要盡量找研究者有機會實施的主題，5. 要盡量不要混雜多個的主題情況，6. 盡量不要牽涉到公司機密或個人隱私。

　　應用創新問題情境問卷的步驟：1. 問題情境描述。2. 填寫創新問題情境問卷。3. 說明填寫內容與成果。

一、問題情境描述

　　A 先生是一位里長，某天接獲里民 B 先生來電告知家中兩位小孩在學區小學（不是私立小學，私立小學的就讀比較不是因爲學區因素）低年級就讀，因工作因素，小孩放學後無人照顧，必須申請課後照顧班，但是學區小學因爲教室數量不夠，課後照顧班名額只有 25人，而且中低收入家庭及原住民家庭與特殊境遇家庭優先錄取課後照顧班名額，三個族群已佔去大多數名額，剩下的必須用抽籤來決定，B 先生若抽不中籤的話只能去上昂貴的私立安親班。A 里長想要解決里民 B 先生的問題增加里民對他的信任感，但是現實狀況令里長相

當困擾，於是先去了解 B 先生家庭狀況，B 先生有房子，每月家庭總收入爲 4 萬元，不符合優先錄取名額規定，若 B 先生小孩去私立安親班照顧則收費昂貴，每月費用大約需要 12000~15000 元，約已佔去收入的 30~40%，剩餘收入難以維持生活品質，跟公立照顧班只需 5000 元相差太遠。學校方面因爲課後照顧班需求的人數眾多，校長必須公開透明處理，面對里長請求也不敢放水，里長爲了這問題也相當苦惱。

二、填寫創新問題情境問卷

　　將前面描述里長想要解決里民小孩課後照顧的問題但是力不從心的情況，用填寫創新問題情境問卷來思考，可以更清晰問題，也可能找到創新的解決方案。填寫之創新問題情境問卷如表 4.2。

　　里長經過填寫創新問題情境問卷來思考後，覺得可以更清晰問題，也能找到創新的解決方案，想要解決里民小孩課後照顧的問題但是力不從心的情況大爲改善。

表 4.2　里長想幫里民但力不從心之創新問題情境問卷

問題	回答
1. 請自由描述目前問題與需要的創新情況：（ex. 某種情況下，某種做法、設備、物品的使用，產生某種缺點、困擾或不夠滿意）	里民 B 先生因工作因素，小孩放學後無人照顧，需要到課後照顧班，但小孩學校課後照顧班名額只有 25 人，而且符合優先錄取資格者已佔去大多數名額，剩下的必須用抽籤來決定，B 先生若抽不中籤的話只能去上昂貴的私立安親班。B 先生家不符合優先錄取名額規定，若 B 先生小孩去私立安親班照顧，則剩餘收入難以維持生活品質。故 B 先生拜託里長 A 先生幫忙。學校方面因課後照顧班需求的人數眾多，校長 C 必須公開抽籤，面對里長請求也不敢放水，里長為了這問題也相當苦惱。
2. a 在 1 這情況裡有哪些東西（情境組件）？ b 描述 a 之中一個需要、想要改進的系統（待改進組件）〔限於你能改變的部分〕	a. 里長 A、里民 B、校長 C、小孩學校課後照顧班、私立安親班。 b. 里民 B〔校長 C 已經被里長 A 拜託過、小孩學校課後照顧班收費、私立安親班收費都不能改變〕
3. 描述 1 之中一個 a 關鍵問題及 b 改進的目標〔通常關鍵問題是達成改進目標的問題／挑戰〕。	a. 若 B 先生小孩去私立安親班照顧，則剩餘收入難以維持生活品質。B 先生小孩因工作因素，小孩放學後無人照顧。 b. 讓 B 先生小孩放學後有人照顧且剩餘收入可以維持生活品質。
4. 列出評估未來產生解決方案之標準（用什麼項目判斷是否達成改進目標	1. B 先生小孩放學後有人照顧。 2. B 先生剩餘收入可以維持生活品質。 3. 不超出里長 A 能夠幫忙的範圍。 4. B 先生小孩放學後在適當場地安全無虞。

問題	回答
之需要，解決所遭遇問題）。5-10項評估標準。越具體越好。	5. B先生可以做得到的範圍。
5. 是否有已知其他領域／行業解決此類問題／挑戰之解決方案？如果有，列出來並且每項具體說明是否適用於你的情況，若不適合說明爲何不適用？	無
6. 是否有自己提出任何改進的新點子？如果有，描述已想到的點子：針對每個點子具體說明是否適用於你的情況。	1. 里長協調區長開放社區公共空間，聘請符合資格課後安親老師課後輔導，安親費用由所有學生家長均攤。 2. 里長協調區長開放社區公共空間，聘請教育相關科系大學生帶領低年級小學生遊玩，帶領費用由所有學生家長均攤。 3. 里長協調校長C修改申請課後照顧班辦法，課後照顧班名額只有25人，都給低年級，將中高年級名額釋放出來。中高年級已經比較懂事，而且上課時間比低年級長，可以中年級、高年級各選一間較大教室容納需要照顧之中年級、高年級學生，因爲是在中年級、高年級學生下課之後，已經有教室再空出來了。 4. 里長幫B先生找兼職工作增加收入，B先生可在假日將小孩託給親友照顧去兼職使收入足以負擔私立安親班收費。 *** 點子滿意

三、說明填寫內容與成果

1. 步驟 1

　　首先描述一下你需要創新的情況，在括號下，寫出在某種情況下、某種設備、物品的使用、產生的缺點、困擾或不夠滿意。在這裡有位里長 A 被里民 B 先生向他提出一個問題，B 先生小孩若去私立安親班照顧，則剩餘收入難以維持生活品質。里長 A 面對里民 B 的拜託，要讓 B 的小孩能錄取所上學學校課後照顧班，去拜託校長 C。校長 C 會面對許多這種拜託，必須公正公開抽籤，面對里長 A 請求也不敢放水，里長 A 爲了這問題也相當苦惱。所以這是問題當事人里長 A 在當里長時所遇到的問題。

2. 步驟 2

　　再來分別 2a,2b 兩個部分填寫，2a 看看在步驟 1 這情況裡面有哪些相關牽涉到的東西呢？2b 在相關東西中描述一個你想要改進的東西？在這裡以系統這個名詞，運用在系統創新裡，指的是組成元素（產品或設備、人或組織等）。中括號裡寫的「限於你能改變的部份」，意思是如果你設計的東西或方案是你無法去做改變的，那麼你設計完成後是無法執行的，例如你覺得高鐵訂票系統有些不夠理想之處，於是你設計一個新的高鐵訂票系統。當你設計完成後，你設計的高鐵訂票系統應該是只有你自己欣賞而已，因爲高鐵公司會採用你的設計可能性很低。2a. 爲步驟 1 情況中的人、事、時、地、物等相關元素，這裡有里長 A、里民 B、校長 C、小孩學校課後照顧班、私立安親班等。

2b. 為在 2a 之中一個需要、想要改進的系統，以及能改變的部分，這裡就是里民 B，因為他有遭遇困境，所以有改變的動力；校長 C 已經被里長 A 拜託過，但是需要公正透明，小孩學校課後照顧班收費、私立安親班收費都是固定的這是問題當事人里長 A 不能改變的。

3. 步驟 3

分 3a,3b 兩個部分填寫，3a 是描述一個關鍵問題，3b 是改進的目標。

3a. 這裡里長經過思考，就知道關鍵問題是「若 B 先生小孩去私立安親班照顧，則剩餘收入難以維持生活品質。B 先生小孩因工作因素，小孩放學後無人照顧。」這個可以分成幾個部分來思考原因，原因可能是 1）B 先生收入不夠高、2）B 先生支出太高、3）私立安親班照顧則收費昂貴（每月費用大約需要 12000~15000 元，公立照顧班只需 5000 元）、4）小孩放學時 B 先生需要工作，無法照顧小孩。

3b. 要改進目標若是從 3a 來思考就是「讓 B 先生小孩放學後有人照顧且剩餘收入可以維持生活品質。」針對 B 先生收入不夠高，可以思考增加收入的可行方法；針對 B 先生支出太高，可以思考減少支出的可行方法；私立安親班照顧則收費昂貴，這是無法改變的；小孩放學時 B 先生需要工作，無法照顧小孩，可以思考找到其他人照顧小孩的可行方法。

4. 步驟 4

列出評估未來產生解決方案之標準。思考可以用什麼項目判斷是否達成改進目標之需要，解決所遭遇問題。這裡列出 5 項評估標準。1.B 先生小孩放學後有人照顧，2.B 先生剩餘收入可以維持生活

品質，3. 不超出里長 A 能夠幫忙的範圍，4. B 先生小孩放學後在適當場地安全無慮，5. B 先生可以做得到的範圍。其中 1.B 先生小孩放學後有人照顧，4. B 先生小孩放學後在適當場地安全無慮，是相當具體容易判斷的。另外的 2.B 先生剩餘收入可以維持生活品質，3. 不超出里長 A 能夠幫忙的範圍，5. B 先生可以做得到的範圍。則是比較模糊的，最好當做輔助標準就好，舉例來說，有人吃一頓午餐是花 120 元，也有吃一頓午餐是花 60 元，身上只有 100 元，錢夠不夠吃午餐，不同的人的判斷是不一樣的。

　　初步列評估標準的時候，至少列 5-10 條，如果列更多條會覺得有太多東西要注意；列太少條可能會漏掉一些重要考慮事項。

5. 步驟 5

　　想要看看是否已經有解決方案來解決這個問題，可運用 Google 查詢，FB 問好友，看看有沒有可以用的方案？或者觀察、詢問遇到同樣狀況的人有什麼處理方案？

　　把找到的方案列出來，再參考查詢到的方案，修改成符合自己問題需要的解決方案。在這個例子裡，假設里長 A 沒有找到此類問題／挑戰之解決方案。

6. 步驟 6

　　是否有提出任何新的改進點子？所謂新的就是說里長 A 自己所找到的資源、所設計的方式跟所查到的別人的有明顯的不同。因為如果跟別人的有明顯相同，那就應該歸到第五項。

　　第六步，自己是否有提出任何新的改良的點子，如果有的話呢？這個點子是什麼樣子，那這個點子滿意嗎？如果不滿意的話呢？

那為什麼不滿意？所以第六欄右邊寫了 4 個點子方案，1. 里長協調區長開放社區公共空間，聘請符合資格課後安親老師課後輔導，安親費用由所有學生家長均攤。2. 里長協調區長開放社區公共空間，聘請教育相關科系大學生帶領低年級小學生遊玩，帶領費用由所有學生家長均攤。3. 里長協調校長 C 修改申請課後照顧班辦法，課後照顧班名額只有 25 人，都給低年級，將中高年級名額釋放出來。中高年級已經比較懂事，而且上課時間比低年級長，可以中年級、高年級各選一間較大教室容納需要照顧之中年級、高年級學生，因為是在中年級、高年級學生下課之後，已經有教室再空出來了。4. 里長幫 B 先生找兼職工作增加收入，B 先生可在假日將小孩託給親友照顧，去兼職使收入足以負擔私立安親班收費。

　　在這裡，里長 A 對自己的點子很滿意，所以這個問題就在這裡告一個段落。如果不滿意呢？我們就會增加後面要教的根源矛盾分析、矛盾矩陣、發明原理等工具來分析問題，產生新的解答。

4.3 問卷的運用案例 b：護理系學生實習壓力情況

　　第一個案例因為讀者初次接觸問題情境問卷，因此在對於創新問題情境問卷所填寫的內容，有一段第三部分「三、說明填寫內容」來加以說明。接下來讀者已經有些基礎，就不再詳細說明填寫內容。

一、問題情境描述

　　護理系學生於實習時或多或少都有壓力產生，實習是護理系學生踏入臨床實際工作必經的過程，輕度實習壓力可促進學習及成長，但是過度壓力反而會導致護理系學生學習效果降低，或是產生失眠、吃不下、焦慮、緊張等情形，影響實習效果。實習壓力因素常包含「對疾病診斷治療不熟悉與處理能力及經驗不足」、「病歷內容及醫學用詞不熟悉」、「醫生、老師或病人問問題時，無法給予適切回答」、「不知如何提供病人身體上的護理」、「擔心實習成績不好」等，這些常常是因學生面對實習準備不足所致。

　　經過陳易蘭、林永禎、黃采薇（2017）分析「對疾病診斷治療不熟悉與處理能力及經驗不足」成為台中市某科大護理系學生實習時最重要的壓力問題，原因可能是學生在校上課課程內容太多，導致學生掌握不到學習重點，學校授課的重點在於通過護理執照考試，對於臨床發生的情境及當下如何處理的能力較少琢磨。護理系學生至某內外科單位實習時，每個病人有不同的單位屬性，在常見疾病、診斷及治療上差異甚大，故學生至分發之科別單位實習時易有重新學習的迷思。再者因學生在校課業繁忙，較少時間學習線上搜尋文獻整理資料等技巧，以致於在臨床實習時需再花費許多時間查閱文獻及資料。

二、填寫創新問題情境問卷

　　接下來採取學校實習指導老師的角度，利用創新情境問卷分析護理系學生實習壓力狀況與產生改善構想。

表 4.3　護理系學生實習壓力情況之創新問題情境問卷

問題	回答
1. 簡短描述目前問題與需要的創新情況：（ex. 某種情況下，某種做法、設備、物品的使用，產生某種缺點、困擾或不夠滿意）	護理系學生於實習時或多或少都有壓力產生，而壓力會導致護理系學生學習效果降低或是產生失眠、吃不下、焦慮、緊張等情形出現，影響實習效果。學校實習指導老師在實習前沒有時間給予適當說明，增加護理系學生對實習之瞭解。
2. a 這情況裡有哪些東西？b 描述 a 之中一個需要、想要改進的東西當系統。	a. 護理系實習學生、學校實習指導老師、實習單位病患、實習單位醫護人員、實習單位醫療設備、實習單位運作規則。 b. 護理系實習學生。這是學校實習指導老師指導的對象。
3. 描述 a 一個關鍵問題及 b 改進的目標：	a. 護理系實習學生對疾病診斷治療不熟悉與處理能力及經驗不足，產生明顯心理壓力。 b. 希望護理系實習學生熟悉疾病診斷治療知識、增加經驗與改善處理能力，降低心理壓力，提升實習效果。
4. 列出評估未來產生解決方案之標準。越具體越好：	使護理系實習學生 1. 增加對實習科別所需要疾病診斷治療知識。 2. 增加瞭解對實習科別運作規則。 3. 增加對實習單位醫療設備熟悉度。 4. 瞭解醫生、老師或病人比較常詢問問題之參考回答內容與方式。 5. 瞭解如何兼顧學校作業及實習單位工作。 6. 瞭解如何使實習成績良好。 7. 瞭解如何降低心理壓力。

問題	回答
5. 其他領域是否有已知解決方案解決此問題／挑戰嗎？如果有，列出來並且具體說明是否適用於你的情況，若不適合為何不適用？	戰鬥機飛行員實際飛行前，會經過一段期間在模擬設備內練習模擬飛行。 此方式不適合本狀況。
6. 是否有提出任何新的改進點子嗎？如果有，描述已想到的點子；針對每個點子具體說明是否適用於你的情況。點子滿意嗎？若不滿意，針對每個點子具體說明為何它不適用於你的情況。	1. 學校實習指導老師將個別實習單位醫護人員、實習單位醫療設備、實習單位運作規則，整理出個別實習單位實習手冊，提供護理系實習學生實習前閱讀。 2. 學校實習指導老師將個別實習單位醫護人員、實習單位醫療設備、實習單位運作規則，拍攝出個別實習單位實習說明影片，提供護理系實習學生實習前觀看。 3. 實習老師於實習前安排說明會說明個別實習單位醫護人員、實習單位醫療設備、實習單位運作規則。 4. 模擬常見之臨床情境，以角色扮演及高擬真情境演練之方式，給予護理系實習學生實習前之準備。 5. 藉由使用通訊軟體與群組等方式，讓護理系實習學生遭遇實習問題時能夠隨時詢問尋求即時的輔導意見。 *** 點子滿意

修改自：陳易蘭、林永禎、黃采薇（2017）

　　經過創新情境問卷，找出 5 個新的改進點子，可以提供本研究後續將這些點子的細節再分析的更加詳細後，設計改善方案去執行，以利於後續可以針對學生實習壓力情況問題進行改善。

4.4 問卷的運用案例 c：公共場所肥皂不太衛生

接下來的案例是在新竹縣某國小服務的教師 D 她提出的問題與想法，經過我整理修改的內容。這個案例主要是呈現對於同樣問題情境「創新情境問卷」可以不只使用一次，每次可以產生不同結果，內容與當初所提出的已經有很大的不同。

一、問題情境描述

在國小洗手時，時常遇到洗手檯上的肥皂，因許多人使用而浸泡在肥皂水中，容易滋生細菌。而且經過許多陌生人使用過，使用起來也會覺得不太衛生，教師 D 即使手髒了也不太敢去洗手，害怕被傳染皮膚病。

二、填寫創新問題情境問卷第 1 次

將教師 D 的問題採用寫出創新問題情境問卷來思考，下面表格就是她的內容經過我做整理改寫。因為第一個案例已經有做了詳細的填寫說明，這個案例就沒有詳細說明如何填寫，避免同類的內容佔據太多篇幅，僅說明比較不同的地方。

表4.4 公共場所肥皂不太衛生之創新問題情境問卷 a

問題	回答
1. 請自由描述目前問題與需要的創新情況：（ex.某種情況下，某種做法、設備、物品的使用，產生某種缺點、困擾或不夠滿意）	在公共場所洗手，公用的肥皂常因多人使用而浸泡在肥皂水中，容易滋生細菌；而且肥皂經過許多陌生人使用過，使用起來也會覺得不太衛生。
2. a 在 1 這情況裡有哪些東西（情境組件）？ b 描述 a 之中一個需要、想要改進的東西當系統（待改進組件）〔限於你能改變的部分〕。	2a. 公用肥皂、肥皂盤、水、水龍頭、洗手水槽、排水孔、手。 2b. 肥皂盤（裝肥皂的容器）。
3. 描述一個 a 關鍵問題及 b 改進的目標。	3a. 關鍵問題：肥皂多人使用易生細菌。 3b. 希望 (1) 公用的肥皂能不滋生細菌，保持衛生。 (2) 公用的肥皂能保持乾燥，也不會被許多陌生人使用過。
4. 列出評估未來產生解決方案之標準（5-10要求條件）。越具體越好：	4a. 公用的肥皂能保持乾燥。 4b. 每個人都可以只取用自己所需用的部分。 4c. 取用時手部可以不用碰觸到肥皂，就不會被所有陌生人碰觸過。 4d. 使用時要便利，置放於洗手檯，隨手可得。 4e. 改良成本不宜過高，2000元內。
5. 是否有已知解決方案解決此問題／挑戰嗎？如果有，列出來並且每項具體說明是否適用於你的情況，若不適合為何不適用？	以洗手乳取代肥皂，但洗手乳大多含防腐劑，影響環境及身體健康。
6. 是否有自己提出任何改進的點子嗎？如果有，描述已想到的點子；針對每個點子具體說明是否適用於你的情況。 點子滿意嗎？若不滿意，針對每個點子具體說明為何它不適用於你的情況。	使用肥皂切塊機，將肥皂置於機器中，手心向上對準出孔，按按鈕的同時，肥皂即被切一小塊由出孔落下。可以不用碰觸到肥皂，肥皂也不會潮濕，衛生方便。 ***點子滿意

　　表 4.4 中 2b 的待改進組件為「肥皂盤」是指裝肥皂的容器，因此而產生了創新的裝肥皂容器「肥皂切塊機」，是一種可以一次切一小塊肥皂掉出來的容器。使用肥皂切塊機，將肥皂置於機器中，手心向上對準出孔，按按鈕的同時，肥皂即被切塊落下。可以不用碰觸到肥皂，肥皂也不會潮濕，衛生方便。

三、填寫創新問題情境問卷第 2 次

　　表 4.4 如同表 4.2 利用問卷 6 個部分，讓創新者逐步思考公共場所肥皂不太衛生的問題與產生一些初步解答。表 4.5 則是面對同樣的問題「公共場所肥皂不太衛生」，但是變換了在 2b 的待改進組件，把改進「肥皂盤」換成改進「肥皂」，因此而產生了不同的創新成果。

圖 4.1　屏東縣立滿州國中洗手台設備

資料來源：http://mjjhs.blogspot.tw/2013/12/blog-post_11.htm
　　　　2013/12/11

表 4.5　公共場所肥皂不太衛生之創新問題情境問卷 b

問題	回答
1. 請自由描述目前問題與需要的創新情況：（ex. 某種情況下，某種做法、設備、物品的使用，產生某種缺點、困擾或不夠滿意）	在公共場所洗手，公用的肥皂常因多人使用而浸泡在肥皂水中，容易滋生細菌；而且經過許多陌生人使用過，使用起來也會覺得不太衛生。
2. a. 在 1 這情況裡有哪些東西（情境組件）？ b. 描述 a 之中一個需要、想要改進的東西當系統（待改進組件）〔限於你能改變的部分〕。	2a. 公用肥皂、肥皂盤、水、水龍頭、洗手水槽、排水孔、手。 2b. 公用肥皂。
3. 描述一個 a 關鍵問題及 b 改進的目標。	3a. 公用的肥皂能沒有滋生細菌，保持衛生。 3b. 公用的肥皂能保持乾燥，也不會被許多陌生人使用過。
4. 列出評估未來產生解決方案之標準（5-10 要求條件）。越具體越好：	4a. 公用的肥皂能保持乾燥。 4b. 每個人都可以只取用自己所需用的部分。 4c. 取用時手部可以不用碰觸到肥皂，就不會被所有陌生人碰觸過。 4d. 使用時要便利，置放於洗手檯，隨手可得。 4e. 改良成本不宜過高，2000 元內。
5. 是否有已知解決方案解決此問題／挑戰嗎？如果有，列出來並且每項具體說明是否適用於你的情況，若不適合為何不適用？	以洗手乳取代，但洗手乳大多含防腐劑，影響環境及身體健康。
6. 是否有自己提出任何改進的點子嗎？如果有，描述已想到的點子；針對每個點子具體說明是否適用於你的情況。 點子滿意嗎？若不滿意，針對每個點子具體說明為何它不適用於你的情況。	將肥皂做成小球，大小為 1 次洗手的需要量，將小肥皂球置於肥皂罐中，每次按壓肥皂罐掉出 1 顆肥皂球，提供洗手之用。不會整塊肥皂潮濕，衛生方便。 *** 點子滿意

表 4.5 中 2b 的待改進組件為放在肥皂盤上的「肥皂」，因此而產生了肥皂的創新成果。將肥皂做成很小塊的份量成為小肥皂球，也就是估計 1 次洗手所需要的肥皂量。將小肥皂球置於肥皂罐（原本的肥皂盤改為肥皂罐的設計）中，每次按壓肥皂罐則掉出 1 顆小肥皂球，提供洗手之用。不會整塊肥皂潮濕，衛生方便。小肥皂球也可以設計為有不同顏色（白、黃、粉紅、淺藍等）、造型（類似皮卡丘、小海豚、米老鼠等，但不是皮卡丘、米老鼠，因為皮卡丘、米老鼠造型需要授權才能使用）。

四、填寫創新問題情境問卷第 3 次

與前面表4.4的描述類似，表4.6在2b的待改進組件，把改進「肥皂盤」換成改進「洗手的液體」，因此而產生了不同的創新成果。

表 4.6 中 2b 的待改進組件為「水」，也就是「洗手的液體」。將洗手的液體從「水」改為「酒精」後，因為酒精即可消毒，不再需要肥皂。不需要肥皂後，裝肥皂的容器肥皂盤，改為裝酒精的容器酒精噴出瓶，整個洗手檯也不需要，這就是乾洗手，可以替代用水與肥皂洗手，在 SARS、新冠肺炎流行期間到處都有在使用酒精乾洗手。

表 4.4 到表 4.6 中由於 2b 的待改進組件分別為「肥皂盤」、「肥皂」、「水」，於是產生了不同的創新設計「肥皂切塊機」、「小肥皂球」、「酒精噴出瓶」，這個案例是在呈現創新問題情境問卷工作表可以對同一問題，系列的運用在不同的待改進組件，而產生不同的創新設計。每次的表中 2b 的待改進組件都是只選一個，是為了一次聚焦一件事，專心想的效果比較好。

表 4.6 公共場所肥皂不太衛生之創新問題情境問卷 c

問題	回答
1. 請自由描述目前問題與需要的創新情況：（ex. 某種情況下，某種做法、設備、物品的使用，產生某種缺點、困擾或不夠滿意）	在公共場所洗手，公用的肥皂常因多人使用而浸泡在肥皂水中，容易滋生細菌；而且經過許多陌生人使用過，使用起來也會覺得不太衛生。
2. a 在 1 這情況裡有哪些東西（情境組件） b 描述 a 之中一個需要、想要改進的東西當系統（待改進組件）〔限於你能改變的部分〕	2a. 公用肥皂、肥皂盤、水、水龍頭、洗手水槽、排水孔、手。 2b. 水（洗手的液體）。
3. 描述一個 a 關鍵問題及 b 改進的目標	3a. 公用的肥皂能沒有滋生細菌，保持衛生。 3b. 公用的肥皂能保持乾燥，也不會被許多陌生人使用過。
4. 列出評估未來產生解決方案之標準（5-10 要求條件）。越具體越好：	4a. 公用的肥皂能保持乾燥。 4b. 每個人都可以只取用自己所需用的部分。 4c. 取用時手部可以不用碰觸到肥皂，就不會被所有陌生人碰觸過。 4d. 使用時要便利，置放於洗手檯，隨手可得。 4e. 改良成本不宜過高，2000 元內。
5. 是否有已知解決方案解決此問題／挑戰嗎？如果有，列出來並且每項具體說明是否適用於你的情況，若不適合為何不適用？	以洗手乳取代，但洗手乳大多含防腐劑，影響環境及身體健康。
6. 是否有自己提出任何改進的點子嗎？如果有，描述已想到的點子；針對每個點子具體說明是否適用於你的情況。 點子滿意嗎？若不滿意，針對每個點子具體說明為何它不適用於你的情況。	可使用酒精乾洗手〔SARS 期間到處使用酒精乾洗手〕，每次洗完手，酒精自己會乾掉，衛生方便。因為酒精即可消毒，不再需要肥皂。 *** 點子滿意

4.5 創新問題情境問卷小結

創新問題情境問卷是為幫助創新者了解欲創新改良之對象與情境，所提出的 6 個問題，創新者在回答問題時，可對問題有更清晰的認識，並可能因此產生新的想法或方案。它也可以當做分析問題的切入點。

在此以簡單的口訣來幫助讀者記憶順序：

詳述情境

列出組件

找改進物

關鍵問題

改進目標

評估標準

他人解答

自己點子

4.6 實作演練

1. 什麼是創新問題情境問卷？
2. 請說明應用創新問題情境問卷的步驟？
3. 請簡要說明填寫創新問題情境問卷之注意事項。

4. 請問填寫創新問題情境問卷是否一個問題情境填寫一次？

進階題

　　請模仿里長想幫里民但力不從心，或公共場所肥皂不太衛生的方式，做自己主題的創新問題情境問卷，建議與第 3 章問題觀點所做的主題一樣，可以彙集成爲比較完整的成果。請依序從情境描述開始，依序填寫創新問題情境問卷，說明填寫內容與成果。

參考文獻

1. Valeri Souchkov. (2015) Innovative Problem Solving with TRIZ for Business and Management, Training Course material, The Society of Systematic Innovation.
2. 林永禎、賴文正、劉基欽、林秀蓁、王蓓茹等（2022），「創新與創業管理」，五南圖書出版公司。ISBN 978-626-317-193-0
3. 陳易蘭、林永禎、黃采薇（2017），「以創新情境問卷法改善醫護學生實習壓力之方案探討」，2017 現代管理與創新國際學術研討會，新竹縣，2017 年 4 月 28 日。（獲最佳論文獎）（ISBN：978-986-92881-4-9）

第五章　根源矛盾分析

5.1 根源矛盾分析的基本觀念

在第二章有簡介「根源矛盾分析」這個工具是一種因果關係圖，藉由「正面效果」、「負面效果／原因」、「假設效果／原因」、「不能改變的負面原因」、「矛盾原因」五種組件圖例，「且」、「或」兩種關係圖例，來呈現因果關係的圖。在此對基本觀念簡要說明一下。

一、名詞定義

1. 矛盾（Contradictions）：當同一個系統（物件或對象）必須滿足（問題當事人）兩個不兼容的要求才能達到某個目標時，就會出現矛盾。

2. 根源矛盾分析（Root Conflict Analysis, RCA+）是一種藉畫因果關係圖，追根究底辨識出負面效果（結果）的根源與挖掘其中所存在的矛盾的方法。換句話說，根源矛盾分析法是用以辨識出負面結果的連鎖反應與分析其根源與矛盾的因果圖。可以從關鍵問題（關鍵效果觀點）中找出問題之間的因果層級與矛盾問題的發生點，最後繪製出根源矛盾分析圖。

3. 正面效果（Positive Effect）：對問題當事人（企業家、研發者等）有利的效果（結果）。

4. 負面效果（Negative Effect）：對問題當事人不利的效果（結果）。

5. 矛盾原因（Contradiction cause）：會對問題當事人同時產生正面效果（結果）與負面效果（結果）的原因。

二、根源矛盾分析的用途：

1. 建立問題原因與結果之間的因果關係。

2. 找出「潛藏」（不容易發現）的原因。

3. 適當找出矛盾原因。

4. 建構和視覺化問題。

5. 對問題情況達到共同認知。

6. 認知到改善的可能性。

三、根源矛盾分析的應用範圍：

任何一個會發生負面或不想要結果的狀況。

四、根源矛盾分析的任務：

建構根源矛盾分析模型，主要執行三項任務：

1. 分析特定問題：針對某個特定產品、服務、或流程分析特定問題。例如：某公司的某個服務項目業績滑落檢討（超商五權店牛奶銷售量比上個月少三成）、針對特定產品消除缺陷（電扇經常斷電）。

2. 分析廣泛問題：針對整個產品系列、整個流程、或整個服務分析。
   例如：防治沈船，消除飛行人員在飛行中犯錯的可能性、排除客服
   中心所犯的錯誤等。（超商文心店營業額比上個月少兩成）。
3. 預測並消除可能或潛在的失敗點：從系統和流程中，預測並消滅
   可能或潛在的失敗點。例如：找出計畫可能性失敗的原因（超商
   向心店牛奶進貨未注意有效日期）。

5.2 矛盾的形成與解決

　　根源矛盾分析從名稱可以感受到這個工具的核心是「根源」、
「矛盾」、「分析」。「根源」可以想像一步一步探索根本源頭去找
問題的原因，因果關係是大家平常比較熟悉的主題，在此就不多加說
明。「矛盾」是要找到各個問題原因中是否存在矛盾？若是問題的原
因沒有存在矛盾，往問題的相反方向去做就可以明顯改善問題，問題
的原因中有存在矛盾才是比較困難的問題，這才是萃思這套方法特別
適於處理問題原因中存在的矛盾之情況。「分析」對一步一步所找到
的原因要分析是哪種組件與關係？這將在5.3節說明。在此對「矛盾」
部份加以說明。

一、矛盾的形成

　　在這裡舉例說明「矛盾原因」，開始時我們有一個不想要的負面
效果「銷售成效不佳」，於是我們找尋是什麼原因造成這個結果？如
圖5.1所示。

圖 5.1　找尋負面效果的原因

　　接下來，找到造成這個結果的原因是「銷售團隊規模小」，因為規模小的銷售團隊，人力比較少，要拜訪客戶、設計文案、進行銷售活動。比較難做到足夠的程度，所以造成負面效果「銷售成效不佳」。但是規模小的銷售團隊，難道都沒有任何正面效益嗎？如圖5.2 所示。

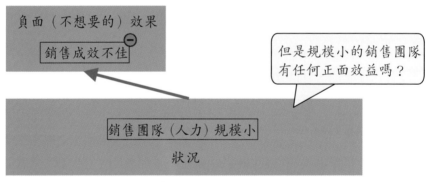

圖 5.2　找尋負面效果原因的正面效果

　　再接下來，找到「銷售團隊規模小」的正面效果是「營運成本低」，因為規模小的銷售團隊，人力比較少，所需要支付的薪資、設備、場地等費用都比較少。因此現在已經形成一個矛盾，「銷售團隊規模小」可以節省營運成本，但是造成銷售成效不佳。如圖5.3 所示。

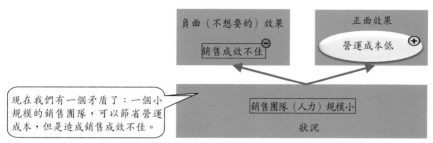

圖 5.3　銷售團隊規模小矛盾形成

二、反過來的矛盾

　　因為規模小的銷售團隊，造成負面效果「銷售成效不佳」。為增加銷售成效，所以我們擴大銷售團隊的規模，擴大後我們有一個規模大的銷售團隊，這時後狀況是「銷售團隊（人力）規模大」。但是現在我們又有一個新的矛盾：一個大規模的銷售團隊，可以讓銷售成效佳，但是造成營運成本變高。這就是跟前面矛盾反過來的矛盾。所以，有矛盾存在時，是比較難處理的狀況，若是問題的原因沒有存在矛盾，往問題的相反方向去做就可以明顯改善問，若是擴大銷售團隊的規模，不會造成營運成本變高，這個負面效果「銷售成效不佳」就會是很容易處理的問題。

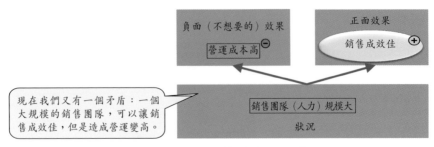

圖 5.4   銷售團隊規模大的矛盾

三、矛盾解決的舉例

1.銀行晚上沒有營業被顧客抱怨

　　台灣的銀行是在下午 3 點半停止營業，有些白天要上班的上班族，因爲工作忙碌或是不方便離開工作崗位（例如：公司的總機小姐），所以不方便到銀行，但是他／她們也有處理金錢的需求（最基本的例如：錢用完了要領錢，錢累積比較多時要存到銀行比較安全。）需要到銀行辦理，等下班銀行都已經關門，所以銀行晚上沒有營業，對這些人造成處理金錢的困擾，因此這些人對銀行難免會抱怨。

　　但是一定需要晚上才方便到銀行處理金錢的上班族，人數沒有十分多，銀行若是辦理晚上營業，要給銀行員比白天高的加班費，還有勞工法規一天工作時數上限的規定，銀行的營運成本會增加很多，人力調派也有許多困難，整體評估下來，銀行可能覺得不方便辦理晚上營業，只好被顧客抱怨，錯失賺取這些顧客服務費用的機會。這個情況的矛盾示意圖如圖 5.5 所示。

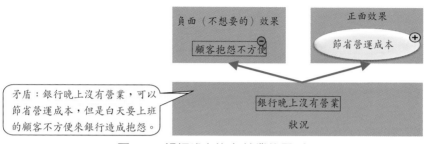

圖 5.5　銀行晚上沒有營業的矛盾

2.一個有創意的人會怎麼做？

　　有創意的人會避免採取折衷方案，會想出達到最大利益的方案，完全消除矛盾，不用妥協於折衷方案。想要解決矛盾而不是妥協，會產生突破性的解決方案。

3.解決銀行的矛盾

　　銀行與一些便利商店（7-11，全家等）合作，將銀行的提款機裝設在便利商店內，讓有些白天因為工作忙碌或是不方便離開工作崗位到銀行的上班族，可以在下班後到鄰近的便利商店銀行所裝設的提款機，處理金錢的需求（最基本的例如：錢用完了要領錢，錢累積比較多時要存到銀行比較安全。）。便利商店可以收取手續費（也可不收費增加顧客好感），更可以因此增加顧客上門消費的機會，銀行因此增加服務的顧客，減少顧客的抱怨。這是萃思藉由周遭的資源解決矛盾，所產生突破性的解決方案。

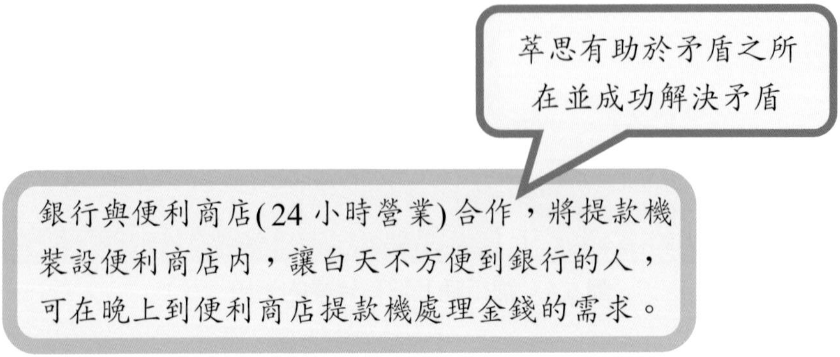

萃思有助於矛盾之所在並成功解決矛盾

銀行與便利商店(24 小時營業)合作，將提款機裝設便利商店內，讓白天不方便到銀行的人，可在晚上到便利商店提款機處理金錢的需求。

圖 5.6　解決銀行晚上沒有營業的矛盾

5.3 根源矛盾分析的圖例

前面已經提到根源矛盾分析是一種因果關係圖，這種圖上主要由兩類的圖案，來描述一種因果關係模型。第一種是根源矛盾分析圖的組成元素，在此稱為組件，有五種組件來描述五種組件特性，分別為正面的、負面的、假設的、不能改變的、矛盾的，如下所述。第二種是組件之間的運作關係，在此稱為關係，有「且」與「或」兩種關係，如下所述。這五種組件透過兩種運作關係來組成根源矛盾分析圖。

一、五種組件圖例

1. 正面效果（Positive Effect）

2. 負面效果／原因（Negative effect /cause）

3. 假設（不確定）效果／原因（Negative effect / cause）

4. 不能改變負面原因（Negative non-changeable cause）

5. 矛盾原因（Contradiction cause）

圖 5.7 五種組件圖例

如圖 5.7 為根源矛盾分析繪圖所用到的五種組件圖例。

第 1 個圖例右上有「十」字小圓的橢圓圖是表示「正面效果」的圖。例如：如圖 5.11，若是與朋友聚餐可以跟朋友好康交流，得到許多對自己有用的資訊；則「好康交流得有用資訊」就是「與朋友聚餐」的「正面效果」。

第 2 個右上有「－」字小圓的長方形圖是表示「負面效果／原因」的圖。例如：如圖 5.11 若是小華與朋友聚餐可以吃到許多美食，吃到許多美食後小華變胖穿衣不美；則「吃到許多美食」就是「負面效果／原因」。會同時寫出效果與原因，是因為「吃到許多美食」是「變胖穿衣不美」的「負面原因」，也是「與朋友聚餐」的「負面效果」，所以同一件事同時是另外事件的原因，及第三件事的結果。

第 3 個右上有「－」字小圓的虛線長方形圖是表示「假設（不確

定）效果／原因」的圖。例如：若是小華懷疑因為吃到許多美食後變胖，但是不能確定變胖是因為吃到許多美食造成還是其它原因（最近缺乏運動、身體代謝遲緩等）造成，在不能確定之前算是「假設（不確定）效果／原因」。小華覺得因為聚餐所以沒時間讀書，在沒有確定之前也算是「假設效果」，需要再進一步確認。

第 4 個右上有「－－」字小圓的長方形圖是表示「不能改變的負面原因」的圖。例如：法規要求你要繳所得稅，你就需要依照規定繳所得稅，繳所得稅後你就會損失一筆錢；則「你要繳所得稅」就是你「不能改變的負面原因」。

第 5 個右上有「十－」字小圓的長方形圖是表示「矛盾原因」的圖。例如：若是小華吃到許多美食後，會變胖穿衣不美，但是吃時有幸福感；則「吃到許多美食」同時產生好處「吃時有幸福感」與壞處「變胖穿衣不美」，則「吃到許多美食」就是「矛盾原因」。

二、「且」與「或」關係

根源矛盾分析圖上的因果關係，採用一般的箭頭由原因指向結果的方式來呈現。由原造成結果有兩種運作關係。

1. 「且」關係：所有原因都要發生才可以產生此結果。在原因到結果之間有一個小圓形各原因先彙集指向小圓形，再由小圓形指向結果，代表原因都要發生，彙集所有原因才會產生這個結果。
2. 「或」關係：原因各自獨立可以產生此結果。在原因到結果之間沒有小圓形，各原因直接指向結果，代表任何一個原因發生，都會產生這個結果。

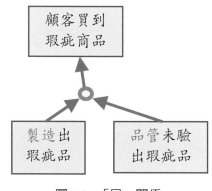

圖 5.8　「且」關係

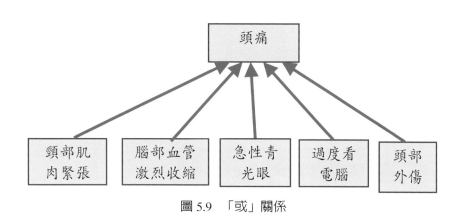

圖 5.9　「或」關係

　　如圖 5.8 因爲廠商製造出瑕疵品並「且」品管未驗出瑕疵品，兩個原因都發生，才會有瑕疵品在市面上販售，因此顧客才會買到瑕疵商品，這是「且」關係。如圖 5.9 頸部肌肉緊張「或」腦部血管激烈收縮「或」急性青光眼「或」過度看電腦「或」頭部外傷，這 5 個原因單獨任何 1 個原因發生，都會造成頭痛，這是「或」關係。

　　此外請注意在找原因時候，不要遺漏原因，原因與原因之間不要有重疊的部分，不要兩個原因寫在一起。

由這五種組件圖例與前面兩種（且、或）關係，可以用來形成根源矛盾分析圖如圖 5.10 與圖 5.11。

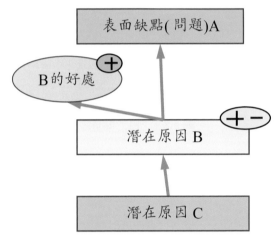

圖 5.10　負面的連鎖反應及分析根源示意圖

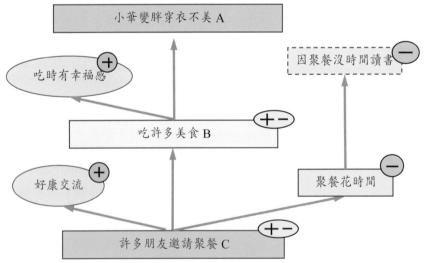

圖 5.11　小華變胖穿衣不美之根源矛盾分析圖

5.4 建立根源矛盾分析模型與繪圖的步驟

依照 Valeri Souchkov 2017 年提供之材料有 10 個步驟：

1. 說明所關切問題的「一般負面效果（效應、結果）」，並開始自上向下繪製根源矛盾分析圖。

2. 詢問「是什麼造成了該效果？」來尋找所有造成負面效果的原因。

3. 步驟 2 確認原因後，檢查這個原因是否是足以產生負面效果的唯一條件。

4. 如果正面效果產生了，就尋求導致該效果的原因。如果該原因同時造成正面與負面效果，就是所謂的「矛盾原因」。

5. 對於每一個示意圖中的負面原因，持續問「是什麼原因導致該效果？」，以創建自上而下的樹形因果示意圖。然而，對於那些超出控制範圍的原因（也就是不可改變的負面效果）以及矛盾，就不再繼續分析。

6. 每一個新近描述過的原因，均為潛在的負面效果，故都要檢查，看是不是造成負面效果的唯一原因，或者是否有其他與「且」關係相關的原因。

7. 建立一個表格，將已經找出來的原因列在表裡。這個表有四欄，分別是：原因、原因類型、原因導致的正面效果、原因導致的負面效果。

8. 這一步不一定需要，可選擇。可按照以下方式直接寫出在根源矛盾分析圖裡描繪的問題：

a.負面類型的原因可以下列任何一種方式描述：

　i. 功能性描述：如何消除／防止〈負面類原因〉？

　ii.一種特性或者領域（影響？）的相對數值情況下：

　　如何減少／控制〈負面類原因〉？」

b. 正面與負面類原因（矛盾原因）可以下列任何一種方式描述：

　i. 效果層面的矛盾：

　　如何確保〈正面與負面類原因〉能使〈正面類效果〉成立但又可避開〈負面類效果〉？

　ii. 原因層面的矛盾：

　　〈正面與負面類原因〉因某原因應該存在或影響大，並且〈正面與負面類原因〉因另外原因應該不存在或影響小之矛盾情境。

9. 篩選你的問題。此時，可能發生以下兩種情況：

(1) 如果根源矛盾分析包含可能可以改變的且沒有潛在矛盾的負面原因，通過排除原因的方式解決問題。對於大部分新穎的複雜問題來說，負面原因均有潛在的矛盾，故很可能不能直接排除。

(2) 遵循第二部分的指南「對從根源矛盾分析圖中篩選矛盾的建議」，篩選即將解決的矛盾：

　a. 在「且原因」情況下，選定並解決其中的一個根源矛盾，很可能就解決了整個問題

　b. 在「或原因」情況下，所有矛盾均需解決，才能解決問題，防止問題再次發生。

10.利用萃思中排除矛盾的方法來解決選定的問題。

以上 10 步驟讀者一下子可能覺得太多，在此摘取其中 5 個重點：

1. 完整尋找所有造成負面效果的原因

2. 尋找正面效果與其原因、辨認矛盾

3. 不可改變的負面效果以及矛盾就不再繼續分析。

4. 將已經找出來的原因列表

5. 篩選要解決的矛盾

　　5 個重點當然無法完整達到這個技巧的效果，只是在開始時先讓讀者掌握主要內容。接下來說明 10 個步驟。以下案例翻譯自 Valeri Souchkov.（2017）是 Valeri Souchkov 提供給我之資料。

一、步驟 1

　　說明所關切問題的「一般負面效果（效果）」，並開始自上向下繪製根源矛盾分析圖示意圖。舉例：某公司研發了一項新產品，但是銷售沒有達到預定目標，可以把「銷售量低」定義為「一般負面效果」。

圖 5.12　所關切負面效果

二、步驟 2

　　詢問「是什麼造成了該效果？」來尋找所有造成負面效果的原

因，原因可以用下面任何一種說明形式進行表述：

1. 主詞（名詞）＋功能或行動（動詞）＋受詞或行為（名詞）＋有時條件可用額外的用語修飾潤色。

   例如：公司沒有達到營業目標、經理總是開會遲到、供應商未按時交貨、客戶未按時付款等。

2. 物體或者行動的特性（參數），以及該特性與想要（理想）狀況相關的相對數值。

   例如：團隊的效力太低、將產品投放到市場的速度太慢、溫度太高、觀念錯誤等。

3. 物體或行動的某一特性的改變，以及該改變與想要（理想）狀況相關的相對數值。

   例如：改變速度太慢、工作量增加過快等。

4. 某物體狀態在行動上的巨大改變。

   例如：廣告遭放棄、顧客消失等等。

   當原因被辨認出來時，將該新原因加入示意圖中，用帶箭頭的線，從原因指向負面效果。用箭頭簡化，有利於進一步理解根源矛盾分析圖，故這一步很重要。

   舉例：通過回答「是什麼原因造成『銷售量低』」，加入「尚未開發的細分（區隔）市場」此一因素。

圖 5.13　找負面效果的原因

〔註：市場區隔（英語：Market segmentation，中文譯作「市場區隔」）是經濟學和市場學的一種概念，指將個人或機構客戶按照一個或幾個特點分類，使每類具有相似的產品服務需求。一個真正的市場區隔滿足以下所有標準：各個區隔不同（不同區隔有不同需求），同一個區隔內部相同（具有相同需求），對市場刺激做出相似回應且對市場干預有反應。當具有相同產品服務需求的消費者被分成不同組支付不同價格時也使用這個詞。大致可以把它們認為是對同一個詞的「正面」使用和「負面」應用。[2021/11/15 取自市場區隔—維基百科 https://zh.wikipedia.org/wiki/%E5%B8%82%E5%9C%BA%E5%88%92%E5%88%86〕

注意事項 1：為什麼避開問「為什麼？」

　　根源矛盾分析中的經典問題「為什麼」（比如：「你為什麼去超市？」）可以兩種不同方式解讀：(1) 去做什麼？（目標，例如：「去買麵包。」）或者 (2) 為什麼原因而去？（例如：「因為我餓了。」）。在根源矛盾分析中，目標和意圖都被解讀為正面效果，而不是原因！因此，當我們構建根源矛盾分析圖時，更傾向於問「是什麼原因造成……？」。當我們回答「是什麼原因造成……？」這個問題，必須完全確認以下幾個問題：

- 哪一個物品以及該物品的哪一個特徵造成該負面效果。
- 哪一個與某物品或場域相關的物理參數，如「溫度」，及其相對數值造成負面效果。

- 哪一個動作（或者缺乏該動作）造成負面效果。

　　我們必須確認造成負面效果的某一明確特徵或條件。提出原因時，嘗試盡可能詳細表述，不侷限於只使用一個詞。

注意事項 2：真實（事實）原因與假設（假定）原因

　　在根源矛盾分析圖中提出的原因，可能有兩種：事實與假定。「事實原因」，已經認證過的資訊爲基礎；而「假定原因」是以創建根源矛盾分析圖流程中，尙未經過認證，留待日後驗證的假設性信息爲基礎。舉個例子，分析「收到供應商資訊的速度太慢」問題時，可以確認兩個原因：(1) 我們辦公室信息超負荷太多；(2) 供應商沒有及時提供資訊。我們確切知道正經歷著超負荷資訊，無法更快處理資訊，故第一個原因可爲事實性的。第二個原因是假設性，因爲尙未與供應商確認前，我們不太確定是否如此；這個假設原因確認之後，可能將它轉換成事實原因，或是從根源矛盾分析圖中移除這個不是事實的原因。

三、步驟 3

　　步驟 2 確認原因後，檢查這個原因是否是足以產生負面效果的唯一條件。很多情況下，一個原因不夠，需要兩個或兩個以上原因一起發生作用才足以產生負面效果。也就是說，造成負面效果的原因之間存在兩種關係：「且」（和）關係與「或」關係。

1. 分析具體問題時，造成同一負面效果的不同原因，常常聯繫在一起（且），一起發生作用，通常不會單獨一個原因造成負面效果。

2. 分析可能導致失敗的所有可能原因時，這些原因可能互相聯繫
　（且），也可能互相獨立（或）。

　　舉例：顯然，圖 5.14 顯示單單「未開發的區隔市場」這一因
素不足以導致「銷售量低（未能達到已知細分目標市場的銷售目
標）」，產生負面效果還需要其他因素才足夠完整，我們需要將其他
條件（原因）加入示意圖：

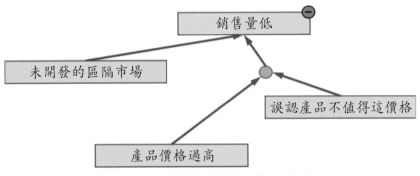

圖 5.14　找所有造成負面效果的原因

　　注意：如果我們將兩個條件「產品價格過高」與「誤認產品不
值得這價格」去掉任何一個，負面效果會完全消失，故這兩個條件要
一起發生（在此用個小圓圈表示「且」關係）。過去，消費者經常買
到更便宜的產品，故對這種特定產品來說，這是一種特定的情況。同
時，「未開發的區隔市場」與「產品的價格」無關，故該條件與其他
原因是通過「或」關係來聯繫。

四、步驟 4

　　如果正面效果產生了，就尋求導致該效果的原因。如果該原因同時造成正面與負面效果，就是所謂的「矛盾原因」。在根源矛盾分析圖中，有以下四類原因與效果：

a. 負面效果（－）：原因／效果完全負面，故想完全移除該原因／效果。

b. 正面效果（＋）：效果是正面的，故無需改變。通常來說，正面原因不可能獨自存在因果鏈裡，因為這樣就沒有負面效果從中產生。

c. 負面效果與正面效果均有（＋/－）：同一原因同時導致正面與負面效果。

d. 不可改變的負面效果（－－）：在給定問題範圍內，這個原因超乎控制，故這個促成負面效果的原因，無法消除、改變或修改；通常，這些原因都是由超系統（周遭環境事物）的元素（配件）所產生。

　　舉例：如圖 5.15，某產品需要高投資與高生產成本，所以需要讓產品維持高價。因此，「產品價格過高」這一個原因，造成正面效果「收入高」與負面效果「銷售量低」之間的矛盾。

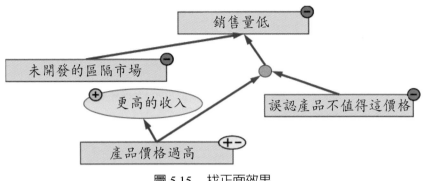

圖 5.15　找正面效果

　　注意：在根源矛盾分析圖中，使用不同的標籤，區別不同類型的原因。

1.「＋－」表示某一矛盾產生的原因（或矛盾的原因）

2.「－」表示負面效果

3.「－－」表示不可改變的負面原因（例如：國家政策）

4.「＋」表示正面效果

　　不可改變的負面原因，不包含在圖 5.15 中。

五、步驟 5

　　對於每一個示意圖中的負面原因，持續問「是什麼原因導致該效果？」，以創建自上而下的樹形因果示意圖。然而，對於那些超出控制範圍的原因（也就是不可改變的負面效果）以及矛盾，就不再繼續分析。

　　發生以下任何一種情況，停止往下的矛盾鏈：

• 　達到一個不可能改變的需求或者要求的原因，比如，該原因是政

策要求或者是技術規範上必不可少的部分，或者

- 達到一個既導致了正面效果也導致了負面效果的原因，該原因就是所謂的「根源矛盾」或者「根源衝突」。然而，在某些情況下，遇到此類原因後，繼續深入分析尋求矛盾發生的根本原因也有用，或者

- 達到一個不可能有任何影響的原因，比如，與環境或人類行為不可預測的變化相關的原因。

　　舉例：我們決定進一步分析原因：「誤認產品不值得這價格。」

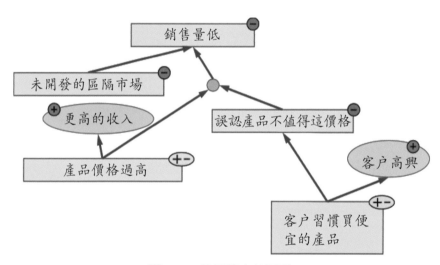

圖 5.16　往下停止於矛盾

六、步驟 6

　　每一個新近描述過的原因，均為潛在的負面效果，故都要檢查，看是不是造成負面效果的唯一原因，或者是否有其他與「且」關

係相關的原因。

　　舉例：我們將「客戶不認可增加新價值」列爲導致「誤認產品不值得這價格」的原因之一，而「誤認產品不值得這價格」是由「與潛在客戶的直接聯繫太少」引起的。進而，「與潛在客戶的直接聯繫太少」是由「銷售團隊太小」這一矛盾原因引起的。

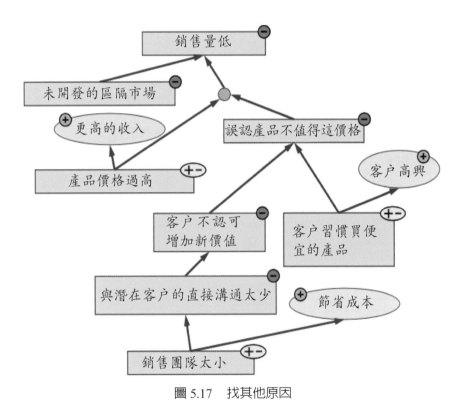

圖 5.17　找其他原因

七、步驟 7

建立一個表格，將已經找出來的原因列在表裡。這個表有四欄，分別是：原因、原因類型、原因導致的正面效果、原因導致的負面效果。

根源矛盾分析，有四類原因：

1. N：負面原因（Negative Causes）

2. N+P：既有正面也有負面效果的原因（Causes which have a negative and a positive effect）

3. NC：不可改變的原因（Non-Changeable Causes）

4. P：正面原因（Positive Cause），未列在表格裡

舉例：

表 5.1　原因效果表

原因	原因類型	正面效果	負面效果
尚未開發的區隔市場	N	—（無）	銷售量太低
產品價格過高	N+P	更高的收入	銷售量太低
對產品價格有錯誤認知	N	—	銷售量太低
客戶不認可新價值	N	—	對產品價格有錯誤認知
客戶習慣買更便宜的產品	N+P	開心的顧客	對產品價格有錯誤認知
與潛在客戶的直接溝通過少	N	—	客戶不認可新價值
銷售團隊太小	N+P	性價比高的銷售團隊	與潛在客戶的直接交流過少

八、步驟 8

　　這一步是選擇性的，不一定需要。可以按照以下方式直接寫出在根源矛盾分析圖裡描繪的問題：

a. N 類型的原因可以下列任何一種方式描述：

　　i. 功能性描述：

　　如何消除／防止〈N 類原因〉？

　　ii. 一種特性或者影響的相對數值情況下：

　　如何減少／控制〈N 類原因〉？」

b. N+P 類原因可以下列任何一種方式描述：

　　i. 效果層面的矛盾：

　　如何確保〈N+P 類原因〉能使〈P 類效果，正面效果〉成立但又可避開〈N 類效果，負面效果〉？

　　ii. 原因層面的矛盾：

　　〈N+P 類原因〉應該存在或影響大，因為某種原因，並且，〈N+P 類原因〉應該不存在或影響小，因為另一種原因，這種矛盾情境。例如〈銷售團隊小〉是好的，因為人少可以節省人事成本，並且〈銷售團隊小〉是不好的，因為拜訪潛在客戶直接交流的人力不足。

九、步驟 9

　　篩選你的問題。此時，可能發生以下兩種情況：

1. 如果根源矛盾分析中包含可能可以改變的且沒有潛在矛盾的負面原因，通過排除原因的方式解決問題。對於大部分新穎的複雜問

題來說，負面效果均有潛在的矛盾，故很可能不能直接排除。

2. 遵循第二部分的指南「對從根源矛盾分析圖中篩選矛盾的建議」，篩選即將解決的矛盾：

a.在「且原因」情況下，選定並解決其中的一個根源矛盾，很可能就解決了整個問題

b. 在「或原因」情況下，所有矛盾均需解決，才能解決問題，防止問題再次發生。

十、步驟 10

利用萃思中排除矛盾的方法來解決選定的問題。

每一個矛盾中，可以將兩種類型的矛盾區分開：互相矛盾的效果，以及引起矛盾的原因本身。

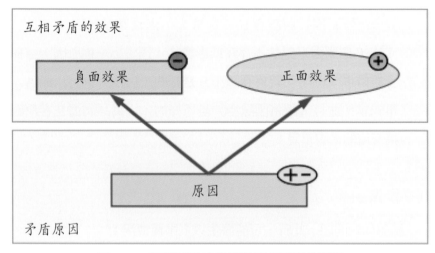

圖 5.18　互相矛盾的效果及引起矛盾的原因

- 一對互相矛盾的效果由「負面效果」以及「正面效果」組成，這兩類效果可直接在矛盾矩陣中找到對應的正面與負面參數。
- 矛盾的根源由一個原因的兩個對立狀態來闡明：一種狀態應該提供正面效果，而這一狀態同時還應該與另一狀態相反，防止出現負面效果。這種矛盾可以用矛盾分離原則，或者發明問題解決演算法（ARIZ，是進階方法，不在本書範圍）來解決。

5.5 一些注意事項

一、一些訣竅

1. 每次描述一個原因之後別忘記檢查這個原因是否為必要條件〔是否還有其他的原因會造成這個結果〕（尤其「且」關係！）。
2. 找出一個原因後別忘記檢查是否有（多個）正面的效果。
3. 有兩種原因：實際的與假想的。實際的原因是可以驗證真相的，但假想的、假設性的原因，仍然需要進行驗證。
4. 別忘記所有原因需標明符號：「＋」，「－」，「＋－」，「－－」。
5. 同個原因有可能導致兩個（或以上）效果。
6. 有時會出現迴圈。
7. 每次小心尋找有關「且」的原因。
8. 持續分析負面的原因，直到找出矛盾點。而此矛盾可以在試圖解決卻沒結果時，再做更進一步分析。
9. 持續分析負面的原因，直到遇到一個在任何狀況下都無法改變的

原因，或此原因爲外在要求，而無法在你掌握之中。此即爲標「－－」符號的原因。

9. 畫完圖後，檢查整個圖的一致性，若有新的原因、或需要修改的原因，都可隨時更正。

10.通常根源矛盾分析模型圖，在首次構圖之後，需要繼續修圖，如：加入新的原因或效果，也會更新因果之間的關係。

二、組織根源矛盾分析的議題

1. 在一個由「引導者帶領」下由一群人組成的「小組會議」中進行根源矛盾分析比較好。

2. 一個小組應該由了解問題的「不同專長的成員」所組成（例如：技術、財務、行銷等），並且也邀請此產品或服務的領先使用者加入。〔註：領先使用者們在工作和生活中往往使用最先進的技術和方法，但是對於這些技術和方法的表現並不滿意，因而常常自己動手改進這些技術和方法。〕

3. 建立一個根源矛盾分析圖「平均要 1-4 小時」。依照問題的複雜度，有時候整過程可能要經過許多天。

4. 建立根源矛盾分析圖是一個「不斷反覆思考與修改的過程」，而且最後的圖可能與第一次畫的圖大不相同。

三、關鍵矛盾選擇

要解決一般問題，必須解決根源矛盾分析圖中的一個或幾個矛盾。可能的情境有 4 種：

1.「根源矛盾」出現在根源矛盾分析圖中。

2. 所有矛盾（或分支）都通過「或」關係鏈接。

3. 所有矛盾（或分支）都通過「且」關係鏈接。

4.「或」和「且」關係之間的混合鏈接。

　　以下依序加以說明：

1.情境1：根源矛盾

　　如果存在根源矛盾並且沒有其他的分支，則必須解決根源矛盾。此情況如圖5.19下方由橢圓線條所圈起來的為根源矛盾，若此根源矛盾解決了，整個問題（上方的負面效果）就解決了。

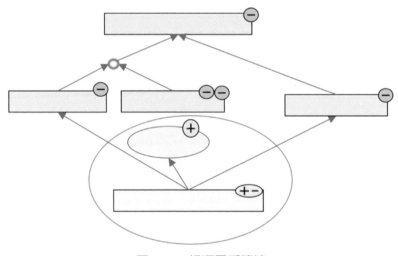

圖 5.19　根源矛盾情境

2.情境2：「或」關係矛盾

　　那些由「或」關係組織起來的矛盾問題（或因果鏈）應該個別都解決。在這種情況下，我們首先選擇對造成問題貢獻最大的子矛

盾（原因）。可以使用兩兩比較法比較排序子矛盾來選擇這樣的子矛盾。在此子矛盾指造成問題的各個矛盾原因。

　　此情況如圖 5.20，整個問題（上方的負面效果）要解決，所有造成問題的符號 1、2、3 矛盾都要解決。

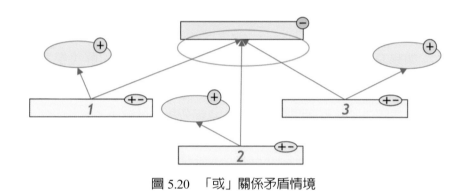

圖 5.20　「或」關係矛盾情境

3.情境 3：「且」關係矛盾

　　如果許多個子矛盾問題由「且」關係鏈接，則可以選擇由該關係鏈接的任何子問題，因為解決這些子矛盾中的任何一個都會消除負面效果。此情況如圖 5.21，只要解決編號 1、2、3 任何一個矛盾，整個問題（上方的負面效果）就可以解決。此時矛盾選擇標準如下：

(1)矛盾是由一個對象引起的，或者出現在一個比其他矛盾「更容易改變的」系統中。

(2)涉及「最少數量對象／系統」的矛盾。

(3)解決的矛盾符合問題解決者的商業策略。

　　兩兩比較法可用於根據上列每個標準來比較矛盾。

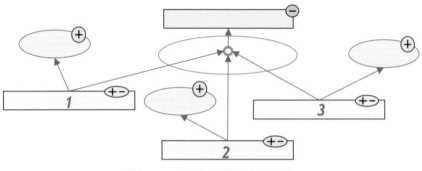

圖 5.21　「且」關係矛盾情境

4. 情境 4：混合關係

　　情境 4 是情境 3 再增加原因、效果而成的，如圖 5.22，在這種情況下，解決矛盾 1 或 2 就足夠解決整個問題。

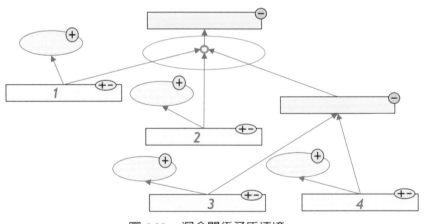

圖 5.22　混合關係矛盾情境 a

5. 重點整理

(1)如果「且」關係出現在〔矛盾或僅由與「且」相關的矛盾組成的

鏈〕和〔由混合鏈組成的另一條效果／矛盾鏈〕之間，則必須選
擇「且」關係矛盾（鏈）。

(2)有根源矛盾，就得解決。

(3)如果有多個「或」關係組織起來的矛盾問題，則必須選擇「對造
成負面影響的貢獻最大的矛盾」並首先解決它。

(4)如果關係出現在〔矛盾或僅由與「且」關係相關的矛盾組成的鏈
條〕和〔另一條由混合鏈條組成的效果／矛盾鏈條〕之間。如圖
5.23 之情況，解決矛盾 1 或矛盾 2 就能解決整個問題。

(5)如果有幾個獨立的分支，說明解決單一分支的矛盾是不夠的。其
他獨立的分支矛盾也要解決。

(6)有時解決一個獨立分支中的矛盾會自動解決另一個獨立分支中的
矛盾。

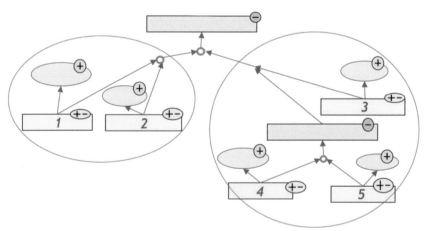

圖 5.23　混合關係矛盾情境 b

5.6 根源矛盾分析小結

　　經由建立根源矛盾分析模型與繪圖的 10 個步驟，完成根源矛盾分析圖後，其中所需要解決的一個或幾個矛盾，即為關鍵矛盾。後續將再將關鍵矛盾中的正面效果與負面效果轉換換成商業管理矛盾矩陣表中的三十一個商業管理通用參數，查商業管理矛盾矩陣，得到適用發明原理，產生創意方案。

　　這一章是本書最繁複的一章，需要讀者比其他章投入更多精神來理解，等熟悉後，對問題的分析能力會增加許多，是值得投入的學習。在此以簡單的口訣來幫助讀者記憶順序：

列目標負面效果

找負面效果原因

所有原因都找齊

找原因正面效果

確認中止的條件

所有原因都列表

選要解決的矛盾

等後續解決矛盾

5.7 實作演練

1. 什麼是根源矛盾分析？

2. 請說明根源矛盾分析的用途。

3. 請說明根源矛盾分析的任務。

4. 請說明根源矛盾分析的注意事項。

5. 請簡要說明根源矛盾分析的圖例（五種組件、兩種關係）。

6. 請說明建立根源矛盾分析模型與繪圖的步驟。

7. 請說明什麼情況下，根源矛盾分析的矛盾鏈停止往下分析？

8. 請說明根源矛盾分析的訣竅。

9. 請簡要說明如何選擇關鍵矛盾？

進階題

　　請模仿 5.4 節「某公司研發之新產品銷售沒有達到預定目標」案例的方式，運用 10 個步驟，建立自己研究主題的根源矛盾分析模型與繪圖。建議與第 3 章問題觀點、第 4 章創新問題情境問卷所做的主題一樣，可以彙集程為比較完整的成果。

參考文獻

1. Valeri Souchkov. (2015) Innovative Problem Solving with TRIZ for Business and Management, Training Course material, The Society of Systematic Innovation.

2. Valeri Souchkov. (2017). TRIZ and Systematic Innovation: Techniques and References for Business and Management, ICG Training & Consulting, Enschede, The Netherlands

第六章　商業管理矛盾矩陣與發明原理簡介

6.1 商業管理矛盾矩陣的基本觀念與發明原理簡介

能協助產生創新構想的發明原理有 40 個，每個都專注構思來產生創新點子需要較長久時間，能找到以往比較適合解決某類矛盾的發明原理會比較有效率，矛盾矩陣就是能協助找到比較適合解決某類矛盾的發明原理的工具。在第二章有簡介「矛盾矩陣」這個工具，藉由查「矛盾矩陣表」找到的這些發明原理，理論上有較高的解決問題機會。在此對基本觀念簡要說明一下。

一、名詞定義

1. 矛盾矩陣表（Contradiction Matrix）：用來查找比較適合解決某類矛盾的發明原理的表格。矛盾矩陣可以有系統的得到消除矛盾最相關的發明原理。商業管理矛盾矩陣與傳統技術矛盾矩陣是完全不同的，讀者請勿誤用。誤用雖然也能產生創新構想，但是效率是比較低的。

2. 正面效果參數（Positive Effect Parameters）：對問題當事人有利的效果（結果）所對應的參數（參數用一般語言可稱為「特性」）。

3. 負面效果參數（Negative Effect Parameters）：對問題當事人不利的效果（結果）所對應的參數（特性）。

4. 發明原理（Inventive Principles）：產生創意構想的有效協助工具。每個發明原理有提供一些提示做法（「子原理」）與例子，讓運用的人可以容易模仿產生自己的創意點子做法。

二、正面／負面效果參數

通用（典型）的效果參數有 3 種版本，這裡是採用比較容易理解的版本，是 David W. Conley（2009）的矛盾矩陣表，共有 31 個通用的效果參數，其中有主要兩類及其他類，以下分為三類介紹：

(一)「活動」類效果參數：

第 1-8 個為「活動」類效果參數，主要用於一種活動、行動，或是從活動、行動情境產生的矛盾。例如：學校園遊會若增加工作人員數量，則服務品質會提高，但是人事成本會增加。學校園遊會是一個「活動」、行動。

(二)「系統」類效果參數：

第 9-16, 24, 25, 27, 28 個為「系統」類效果參數，主要用於一種系統、組織，或是從系統、組織角度產生的矛盾。例如：便利商店若增加店員數量，則尖峰時間結帳速度會加快，但是人事成本會提高。店員數量是構成便利商店這個「系統」的元素。

(三) 其他類效果參數：

第 17-23, 26, 29-31 個不在前兩類的效果參數。

31 個通用的效果參數的名稱如下所示。

1. 活動效用性。2. 活動可變性。3. 活動費用。4. 活動時間。5. 活動複雜性。6. 活動方便性。7. 活動安全性。8. 活動可靠性。9. 系統有效性。10. 系統可變性。11. 系統費用。12. 系統時間。13. 系統複雜性。14. 系統方便性。15. 系統安全性。16. 系統可靠性。17. 內部風險。18. 外部風險。19. 信息共享。20. 信息損失。21. 信息流。22. 回饋。23. 物料流。24. 對系統的有害影響。25. 系統產生的有害影響。26. 適應性／多功能性。27. 組織壓力。28. 組織穩定性。29. 顧客壓力。30. 顧客穩定性。31. 環境穩定性。

三、發明原理

共有 40 個商業管理發明原理，名稱與技術類發明原理相同但內容與解釋有明顯不同，40 個商業管理發明原理將會在第三篇詳細說明內容。40 個發明原理的名稱如下所示。

1. 分割。2. 取出／分離。3. 改變局部特性。4. 非對稱性。5. 合併／整合。6. 多用性／多功能。7. 套疊／巢狀結構。8. 反制行動。9. 預先反制行動。10. 預先行動。11. 事先補償／預防。12. 消除緊張。13. 另一方向／反向操作。14. 非直線性。15. 動態化。16. 稍微少些或多些（的動作）。17. 另外維度／空間。18. 共鳴（協調）。19. 週期行動。20. 連續的有利作用。21. 快速行動。22. 轉有害為有利。23. 回

饋。24. 中介物／媒介。25. 自助／自我服務。26. 使用複製品或模型。27. 廉價與短期 [拋棄式]。28. 替換系統運作原理／使用其他原理。29. 流動性和靈活性。30. 改變邊界條件。31. 孔洞和網路。32. 改變外觀／可見度。33. 同質性。34. 丟棄與恢復。35. 改變特性。36. 模範轉移。37. 相對變化。38. 增強的環境。39. 鈍性（惰性）環境。40. 組合（複合）結構。

四、發明原理的選用

1. 特定的正負面效果可能對應到一些矛盾矩陣的通用效果參數（某一個具體的正負面效果可能有數個接近的通用效果參數），若如此，同一個矛盾可能得到數個通用矛盾（一個具體的矛盾可能有數個接近的通用矛盾）。

2. 每一個矛盾對應數個發明原理。矛盾矩陣格子中的第一個發明原理最優先運用。

3. 數個通用矛盾可能找到（運用）同樣的發明原理，這些發明原理理論上有較高的解決問題機會。

五、重要技巧

當要解決矛盾時，請遵守以下的規則：

1. 應用發明原理，先應用在會導致矛盾（正負面後果）的次系統〔標的對象之組件（組成零件、元素、單元）〕，再應用在系統（標的對象）與超系統（標的對象之周遭，相關事物）上。

表 6.1　商業管理矛盾矩陣表（可於官網下載電子檔）

參數編號	惡化參數 → / 改善參數 ↓	1 活動效用性	2 活動可變性	3 活動費用	4 活動時間	5 活動複雜性	6 活動方便性	7 活動安全性	8 活動可靠性	9 系統有效性	10 系統可變性	11 系統費用	12 系統時間	13 系統複雜性	14 系統方便性	15 系統安全性	16 系統可靠性	17 內部風險	18 外部風險	19 信息共享	20 信息損失	21 信息流	22 回饋	23 物料流	24 對系統的有害影響	25 系統產生的有害影響	26 適應性／多功能性	27 組織壓力	28 組織穩定性	29 顧客壓力	30 顧客穩定性	31 環境穩定性
1	活動效用性	X	18, 35, 40, 2	39, 8, 28, 26	33, 18, 39, 36	26, 3, 17, 7	21, 13, 39, 18	20, 40, 21, 25	37, 27, 6	11, 10, 6, 30	10, 12, 40, 2	19, 32, 37, 11	29, 7, 27, 2	30, 4, 18, 9	28, 18, 20	15, 36, 9, 27	36, 40, 16, 22	4, 21, 34, 25	33, 21, 11, 24	11, 39, 24, 27	32, 12, 34, 11	2, 35, 16, 39	14, 37, 32, 36	10, 4, 35, 5	19, 33, 14	1, 7, 8, 28	35, 18, 27	4, 28, 37, 3	33, 6, 4, 9	40, 35, 3, 19	35, 26, 15, 6	21, 40, 17, 30
2	活動可變性	18, 35, 40, 2	X	21, 12, 2, 15	38, 39, 17, 37	36, 18, 19, 39	20, 35, 1, 2	16, 38, 12, 5	28, 38, 33, 22	9, 38, 24, 19	13, 19, 18, 37	21, 39, 9, 31	18, 24, 5, 13	24, 20, 28, 1	15, 7, 35, 26	35, 1, 26	9, 40, 14, 4	4, 40, 16, 3	20, 39, 10, 15	14, 6, 2, 27	33, 11, 13, 10	26, 37, 14	26, 4, 17, 21	19, 12, 7, 10	31, 23, 30, 29	28, 31, 32, 25	30 24, 20	14, 34, 7, 9	19, 5, 11, 29	40, 13, 14, 35	35, 32, 3, 13	35, 8, 37, 5
3	活動費用	39, 8, 28, 26	21, 12, 2, 15	X	7, 39, 9, 31	3, 35, 24, 22	36, 24, 30, 29	38, 33, 8, 16	34, 1, 30, 12	19, 10, 40, 35	32, 23, 2	25, 21, 26	39, 22, 38, 6	38, 28, 15, 14	7, 39, 2, 9	16, 26, 29	19, 3, 28, 40	5, 2, 18, 8	11, 38, 16, 26	9, 7, 19, 5	32, 13, 17, 15	35, 16, 31	30, 9, 11, 17	22, 37, 34, 5	40, 31, 2, 8	25, 16, 2, 8	21, 15, 27	13, 14, 33, 1	5, 8, 26	2, 39, 17, 22	3, 25, 16, 35	36, 30, 32
4	活動時間	33, 18, 39, 36	38, 39, 17, 37	7, 39, 9, 31	X	28, 20, 8, 16	27, 29, 19, 15	17, 29, 26, 9	25, 23, 22	38, 28, 10	12, 16, 18, 23	19, 38, 24, 3	2, 33, 4, 21	38, 34, 11, 30	4, 28, 10, 16	21, 3, 33, 11	29, 2, 19, 22	39, 21, 40, 22	31, 37, 40, 27	2, 31, 26, 27	11, 35, 32, 18	23, 25, 4	4, 19, 2, 11	37, 35, 3, 12	6, 22, 1, 23	28, 14, 29, 34	2, 39, 20, 9	26, 37, 10, 28	35, 32, 25, 24	1, 31, 23, 40	1, 2, 12, 31	27, 35, 7, 1
5	活動複雜性	26, 3, 17, 7	36, 18, 19, 39	3, 35, 24, 22	28, 20, 8, 16	X	39, 40, 25, 30	31, 33, 28, 10	5, 36, 8	9, 26, 32, 11	5, 11, 15, 38	6, 28	16, 17, 29	28, 8, 5	15, 32, 33, 40	19, 3	6, 38, 9, 18	23, 14, 38, 28	33, 16, 36, 39	25, 20, 1, 17	33, 37, 19, 15	27, 2, 16, 29	19, 35, 27, 14	6, 25, 21, 10	17, 33, 30, 28	16, 10, 40, 30	8, 10, 26, 9	35, 9, 34, 14	20, 35, 4, 2	27, 39, 40, 16	7, 33, 13, 31	5, 34, 24, 16
6	活動方便性	21, 13, 39, 18	20, 35, 1, 2	36, 24, 30, 29	27, 29, 19, 15	39, 40, 25, 30	X	16, 5, 36, 33	25, 26, 23, 18	1, 10, 33, 6	38, 27, 2, 4	19, 4, 28, 11	8, 21, 36, 5	32, 10, 22, 36	30, 17, 27, 18	21, 26, 40, 23	30, 22, 39, 17	9, 1, 8, 33	34, 11, 37, 9	35, 19, 28, 15	24, 27, 15, 19	13, 15, 31	1, 26, 11, 32	38, 39, 25, 27	34, 18, 24	21, 8, 29, 11	21, 25, 2, 37	20, 31, 5, 16	18, 2, 15, 24	21, 23, 26, 28	36, 9, 18, 17	35, 17, 24, 36
7	活動安全性	20, 40, 21, 25	16, 38, 12, 5	38, 33, 8, 16	17, 29, 26, 9	31, 33, 28, 10	16, 5, 36, 33	X	2, 23, 8, 35	17, 23, 32, 18	33, 29, 14, 17	37, 3, 18, 17	30, 20, 21, 39	16, 6, 26, 15	8, 16, 32, 24	11, 7, 23, 4	26, 19, 10, 4	36, 19, 21, 27	4, 25, 30, 10	6, 14, 16, 1	2, 24, 10, 34	35, 37, 10, 34	36, 11, 7, 9	20, 26, 3, 15	37, 14, 35, 12	25, 15, 40, 18	9, 19, 26, 39	20, 34, 22, 2	15, 30, 14, 10	24, 16, 2, 33	14, 36, 35, 4	26, 2, 8, 16
8	活動可靠性	37, 27, 6	28, 38, 33, 22	34, 1, 30, 12	25, 23, 22	5, 36, 8	25, 26, 23, 18	2, 23, 8, 35	X	30, 1, 38, 18	39, 24, 8, 16	15, 10, 18, 2	28, 40, 24, 33	16, 39, 7, 18	31, 26, 21, 4	13, 16, 14, 36	10, 7, 9, 4	21, 27, 8	1, 31, 11, 8	32, 16, 6	31, 36, 23, 22	1, 23, 35, 34	19, 29, 9	7, 6, 38, 20	26, 38, 23, 20	35, 3, 38	38, 1, 27	19, 18, 26, 7	15, 16, 32, 10	6, 15, 14, 19	9, 5, 1, 3	33, 40, 12, 28
9	系統有效性	11, 10, 6, 30	9, 38, 24, 19	19, 10, 40, 35	38, 28, 10	9, 26, 32, 11	1, 10, 33, 6	17, 23, 32, 18	30, 1, 38, 18	X	23, 34, 37, 13	11, 29, 36, 7	8, 5, 40, 4	16, 19, 32, 37	25, 9, 1, 11	30, 12, 31, 25	4, 16, 39	32, 6, 29, 19	30, 24, 26, 9	4, 21, 32, 34	4, 20, 33, 38	10, 26, 37, 28	13, 25, 8, 23	1, 20, 25, 5	28, 10, 34, 5	36, 8, 2, 16	38, 35, 34, 19	5, 12, 33, 10	26, 11, 17, 40	14, 19, 5, 33	12, 27, 34, 24	10, 19, 37, 33
10	系統可變性	10, 12, 40, 2	13, 19, 18, 37	32, 23, 2	12, 16, 18, 23	5, 11, 15, 38	38, 27, 2, 4	33, 29, 14, 17	39, 24, 8, 16	23, 34, 37, 13	X	17, 40, 14, 26	18, 31, 12, 1	1, 14, 37	33, 31, 8, 7	18, 27, 6, 40	23, 8, 36, 13	36, 11, 29	33, 15, 20, 37	25, 19, 13, 1	14, 38, 40, 4	25, 23, 18, 12	15, 21, 17, 29	29, 10, 17, 23	16, 13, 35, 37	19, 9, 16	24, 33, 8, 31	40, 27, 20, 26	39, 12, 27, 17	35, 40, 18, 2	29, 31, 37, 21	37, 36, 3, 29
11	系統費用	19, 32, 37, 11	21, 39, 9, 31	25, 21, 26	19, 38, 24, 3	6, 28	19, 4, 28, 11	37, 3, 18, 17	15, 10, 18, 2	11, 29, 36, 7	17, 40, 14, 26	X	16, 40, 36, 39	14, 26, 34, 30	33, 37, 6, 22	13, 17, 23, 15	26, 27, 1	17, 3, 35, 29	33, 38, 21, 14	18, 16, 26, 24	40, 37, 16, 5	31, 22, 18, 25	3, 38, 37, 10	27, 39, 21, 1	24, 10, 35, 17	14, 12, 15, 10	9, 3, 32, 34	18, 27, 25, 28	17, 26, 38, 8	37, 5, 20, 16	38, 8, 23	9, 23, 40, 30
12	系統時間	29, 7, 27, 2	18, 24, 5, 13	39, 22, 38, 6	2, 33, 4, 21	16, 17, 17, 29	8, 21, 36, 5	30, 20, 21, 39	28, 40, 24, 33	8, 5, 40, 4	18, 31, 12, 1	16, 40, 36, 39	X	14, 16, 39, 12	34, 28, 18, 38	32, 10, 15, 6	36, 34, 6, 11	37, 33, 5, 11	24, 17, 38, 14	9, 3, 10	12, 2, 23, 32	39, 32, 21	40, 26, 1, 39	8, 5, 25, 12	10, 22, 27, 7	4, 32, 24, 19	11, 28, 22, 18	3, 14, 27, 13	34, 2, 25, 15	36, 3, 31, 8	36, 3, 39, 34	30, 8, 1, 14
13	系統複雜性	30, 4, 18, 9	24, 20, 28, 1	38, 28, 15, 14	38, 34, 11, 30	28, 8, 8, 5	32, 10, 22, 36	16, 6, 26, 15	16, 39, 7, 18	16, 19, 32, 37	1, 14, 37	14, 26, 34, 30	14, 16, 39, 12	X	33, 15, 12, 34	25, 19, 35, 28	34, 4, 32, 6	21, 38, 29, 36	31, 10, 37	40, 4, 27, 22	9, 37, 7, 14	35, 12, 26, 11	35, 25, 21, 6	1, 24, 15	35, 4, 28, 33	40, 8, 2, 5	25, 15, 5, 14	10, 20, 30, 12	3, 8, 25, 5	4, 10, 30, 35	29, 6, 40, 16	4, 5, 39, 33
14	系統方便性	28, 18, 20	15, 7, 35, 26	7, 39, 2, 9	4, 28, 10, 16	15, 32, 33, 40	30, 17, 27, 18	8, 16, 32, 24	31, 26, 21, 4	25, 9, 1, 11	33, 31, 8, 7	33, 37, 6, 22	34, 28, 18, 38	33, 15, 12, 34	X	19, 5, 20, 12	1, 33, 34	40, 38, 29, 14	4, 37, 19, 2	35, 10, 18, 8	8, 7, 9, 13	34, 39, 15, 30	1, 25, 37, 3	32, 1, 37, 23	37, 7, 24, 35	30, 29, 10, 13	19, 40, 20, 4	18, 17, 29, 30	37, 23, 6, 37	22, 17, 39, 8	8, 6, 21, 40	34, 30, 2, 30
15	系統安全性	15, 36, 9, 27	35, 1, 26	16, 26, 29	21, 3, 33, 11	19, 3	21, 26, 40, 23	11, 7, 23, 4	13, 16, 14, 36	30, 12, 31, 25	18, 27, 6, 40	13, 17, 23, 15	32, 10, 15, 6	25, 19, 35, 28	19, 5, 20, 12	X	8, 38, 18, 24	39, 4, 16, 1	40, 2, 37, 3	16, 20, 38, 19	40, 33, 13, 29	17, 27, 22, 35	32, 40, 30, 12	14, 36, 13, 32	1, 28, 15, 30	31, 10, 12, 24	1, 20, 9, 1	2, 13, 37, 40	1, 34, 30, 16	2, 20, 18, 12	21, 10, 3, 17	3, 9, 11
16	系統可靠性	36, 40, 16, 22	9, 40, 14, 4	19, 3, 28, 40	29, 2, 19, 22	6, 38, 9, 18	30, 22, 39, 17	26, 19, 10, 4	10, 7, 9, 4	4, 16, 39	23, 8, 36, 13	26, 27, 1	36, 34, 6, 11	34, 4, 32, 6	1, 33, 34, 34	8, 38, 18, 24	X	5, 3, 24, 25	34, 21, 33, 19	5, 15, 8, 35	8, 25, 21, 9	11, 6, 27, 16	9, 31, 23, 2	8, 16, 1, 15	23, 40, 30, 7	16, 21, 34	28, 38, 6, 13	28, 9, 20, 4	14, 34, 27, 31	36, 34, 8, 25	18, 12, 9, 19	33, 21, 26, 27
17	內部風險	4, 21, 34, 25	4, 40, 16, 3	5, 2, 18, 8	39, 21, 40, 22	23, 14, 38, 28	9, 1, 8, 33	36, 19, 21, 27	21, 27, 8	32, 6, 29, 19	36, 11, 29, 29	17, 3, 35, 29	37, 33, 5, 11	21, 38, 29, 36	40, 38, 29, 14	39, 4, 16, 1	5, 3, 24, 25	X	35, 21, 21, 7	8, 38, 30, 26	10, 23, 39, 18	16, 12, 1, 30	26, 31, 30, 3	38, 32, 19, 16	5, 8, 16, 21	19, 20, 26	33, 8, 31, 15	8, 33, 24	27, 5, 19, 13	31, 1, 40, 28	17, 30, 14, 11	4, 33, 2
18	外部風險	33, 21, 11, 24	20, 39, 10, 15	11, 38, 16, 26	31, 37, 40, 27	33, 16, 36, 39	34, 11, 37, 9	4, 25, 30, 10	1, 31, 11, 8	30, 24, 26, 9	33, 15, 20, 37	33, 38, 21, 14	24, 17, 38, 14	31, 10, 37	4, 37, 19, 2	40, 2, 37, 3	34, 21, 33, 19	35, 21, 21, 7	X	26, 1, 23, 16	10, 3, 15, 34	15, 25, 22, 13	37, 12, 21, 3	36, 12, 27	9, 4, 10, 22	1, 2, 16, 35	36, 10, 27, 1	30, 29, 4, 37	16, 17, 10, 5	30, 27, 28, 31	24, 4, 20, 1	13, 29, 6, 8
19	信息共享	11, 39, 24, 27	14, 6, 2, 27	9, 7, 19, 5	2, 31, 26, 27	25, 20, 1, 17	35, 19, 28, 15	6, 14, 16, 1	32, 16, 6	4, 21, 32, 34	25, 19, 13, 1	18, 16, 26, 24	9, 3, 10	40, 4, 27, 22	35, 10, 18, 8	16, 20, 38, 19	5, 15, 8, 35	8, 38, 30, 26	26, 1, 23, 16	X	12, 19, 31	24, 20, 33, 13	37, 24, 13, 16	13, 3, 37, 29	38, 25, 1, 29	36, 5, 22, 28	27, 34, 21	21, 2, 29, 7	34, 40, 35	40, 22, 33, 1	3, 4, 19, 15	38, 31, 30, 5
20	信息損失	32, 12, 34, 11	33, 11, 13, 10	32, 13, 17, 15	11, 35, 32, 18	33, 37, 19, 15	24, 27, 15, 19	2, 24, 10, 34	31, 36, 23, 22	4, 20, 33, 38	14, 38, 40, 4	40, 37, 16, 5	12, 2, 23, 32	9, 37, 7, 14	8, 7, 9, 13	40, 33, 13, 29	8, 25, 21, 9	10, 23, 39, 18	10, 3, 15, 34	12, 19, 31	X	9, 7, 38, 22	4, 28, 37, 31	29, 13, 23, 35	37, 7, 6, 39	11, 40, 4, 9	13, 20, 26, 27	34, 6, 39, 25	31, 39, 27	32, 23, 24, 2	38, 39, 26, 27	20, 33, 10
21	信息流	2, 35, 16, 39	26, 37, 14	35, 16, 31	23, 25, 4	27, 2, 16, 29	13, 15, 31	35, 37, 10, 34	1, 23, 35, 34	10, 26, 37, 28	25, 23, 18, 12	31, 22, 18, 25	39, 32, 21	35, 12, 26, 11	34, 39, 15, 30	17, 27, 22, 35	11, 6, 27, 16	16, 12, 1, 30	15, 25, 22, 13	24, 20, 33, 13	9, 7, 38, 22	X	33, 39, 7	7, 22, 40, 1	38, 16, 3, 7	4, 16, 34, 40	18, 38, 12, 14	19, 27, 16, 33	32, 22, 26, 24	37, 20, 4, 29	30, 24, 40, 19	28, 17, 2, 40
22	回饋	14, 37, 32, 36	26, 4, 17, 21	30, 9, 11, 17	4, 19, 2, 11	19, 35, 27, 14	1, 26, 11, 32	36, 11, 7, 9	19, 29, 9	13, 25, 8, 23	15, 21, 17, 29	3, 38, 37, 10	40, 26, 1, 39	35, 25, 21, 6	1, 25, 37, 3	32, 40, 30, 12	9, 31, 23, 2	26, 31, 30, 3	37, 12, 21, 3	37, 24, 13, 16	4, 28, 37, 31	33, 39, 7	X	14, 31, 13, 19	37, 5, 18, 21	22, 30, 24, 37	15, 14, 1, 37	23, 2, 27	5, 12, 7	36, 33, 38, 26	5, 8, 23, 37	36, 10, 31, 4
23	物料流	10, 4, 35, 5	19, 12, 7, 10	22, 37, 34, 5	37, 35, 3, 12	6, 25, 21, 10	38, 39, 25, 27	20, 26, 3, 15	7, 6, 38, 20	1, 20, 25, 5	29, 10, 17, 23	27, 39, 21, 1	8, 5, 25, 12	1, 24, 15	32, 1, 37, 23	14, 36, 13, 32	8, 16, 1, 15	38, 32, 19, 16	36, 12, 27	13, 3, 37, 29	29, 13, 23, 35	7, 22, 40, 1	14, 31, 13, 19	X	30, 2, 7, 28	39, 8, 35, 30	21, 19, 9, 27	24, 38, 33, 6	19, 16, 28, 36	25, 32, 15	30, 3, 11, 20	2, 3, 13, 3
24	對系統的有害影響	19, 33, 14	31, 23, 30, 29	40, 31, 2, 8	6, 22, 1, 23	17, 33, 30, 28	34, 18, 24	37, 14, 35, 12	26, 38, 23, 20	28, 10, 34, 5	16, 13, 35, 37	24, 10, 35, 17	10, 22, 27, 7	35, 4, 28, 33	37, 7, 24, 35	1, 28, 15, 30	23, 40, 30, 7	5, 8, 16, 21	9, 4, 10, 22	38, 25, 1, 29	37, 7, 6, 39	38, 16, 3, 7	37, 5, 18, 21	30, 2, 7, 28	X	19, 11, 32, 34	35, 17, 11, 7	29, 33, 32, 31	7, 35, 25, 27	34, 25, 12, 32	33, 24, 19, 31	35, 10, 37, 24
25	系統產生的有害影響	1, 7, 8, 28	28, 31, 32, 25	25, 16, 2, 8	28, 14, 29, 34	16, 10, 40, 30	21, 8, 29, 11	25, 15, 40, 18	35, 3, 38	36, 8, 2, 16	19, 9, 16	14, 12, 15, 10	4, 32, 24, 19	40, 8, 2, 5	30, 29, 10, 13	31, 10, 12, 24	16, 21, 34	19, 20, 26, 19	1, 2, 16, 35	36, 5, 22, 28	11, 40, 4, 9	4, 16, 34, 40	22, 30, 24, 37	39, 8, 35, 30	19, 11, 32, 34	X	23, 40, 2, 35	23, 36, 10, 13	38, 7, 4, 33	9, 2, 25, 38	11, 36, 39	10, 40, 19, 9
26	適應性／多功能性	35, 18, 27	30, 24, 20	21, 15, 27	2, 39, 20, 9	8, 10, 26, 9	21, 25, 2, 37	9, 19, 26, 39	38, 1, 27	38, 35, 34, 19	24, 33, 8, 31	9, 3, 32, 34	11, 28, 22, 18	25, 15, 5, 14	19, 40, 20, 4	1, 20, 9, 1	28, 38, 6, 13	33, 8, 31, 15	36, 10, 27, 1	27, 34, 21	13, 20, 26, 27	18, 38, 12, 14	15, 14, 1, 37	21, 19, 9, 27	35, 17, 11, 7	23, 40, 2, 35	X	25, 17, 8	13, 34, 1, 3	2, 30, 17, 1	10, 9, 15	17, 38, 16, 21
27	組織壓力	4, 28, 37, 3	14, 34, 7, 9	13, 14, 33, 1	26, 37, 10, 28	35, 9, 34, 14	20, 31, 5, 16	20, 34, 22, 2	19, 18, 26, 7	5, 12, 33, 10	40, 27, 20, 26	18, 27, 25, 28	3, 14, 27, 13	10, 20, 30, 12	18, 17, 29, 30	2, 13, 37, 40	28, 9, 20, 4	8, 33, 24	30, 29, 4, 37	21, 2, 29, 7	34, 6, 39, 25	19, 27, 16, 33	23, 2, 27	24, 38, 33, 6	29, 33, 32, 31	23, 36, 10, 13	25, 17, 8	X	13, 18, 37	37, 3, 32, 2	28, 13, 17, 40	17, 30, 6
28	組織穩定性	33, 6, 4, 9	19, 5, 11, 29	5, 8, 26	35, 32, 25, 24	20, 35, 4, 2	18, 2, 15, 24	15, 30, 14, 10	15, 16, 32, 10	26, 11, 17, 40	39, 12, 27, 17	17, 26, 38, 8	34, 2, 25, 15	3, 8, 25, 5	37, 23, 6, 37	1, 34, 30, 16	14, 34, 27, 31	27, 5, 19, 13	16, 17, 10, 5	34, 40, 35	31, 39, 27	32, 22, 26, 24	5, 12, 7	19, 16, 28, 36	7, 35, 25, 27	38, 7, 4, 33	13, 34, 1, 3	13, 18, 37	X	38, 14, 14, 10	26, 30, 29, 21	13, 32, 40, 3
29	顧客壓力	40, 35, 3, 19	40, 13, 14, 35	2, 39, 17, 22	1, 31, 23, 40	27, 39, 40, 16	21, 23, 26, 28	24, 16, 2, 33	6, 15, 14, 19	14, 19, 5, 33	35, 40, 18, 2	37, 5, 20, 16	36, 3, 31, 8	4, 10, 30, 35	22, 17, 39, 8	2, 20, 18, 12	36, 34, 8, 25	31, 1, 40, 28	30, 27, 28, 31	40, 22, 33, 1	32, 23, 24, 2	37, 20, 4, 29	36, 33, 38, 26	25, 32, 15, 15	34, 25, 12, 32	9, 2, 25, 38	2, 30, 17, 1	37, 3, 32, 2	38, 14, 10	X	14, 6, 5, 1	22, 18, 4, 38
30	顧客穩定性	35, 26, 15, 6	35, 32, 3, 13	3, 25, 16, 35	1, 2, 12, 31	7, 33, 13, 31	36, 9, 18, 17	14, 36, 35, 4	9, 5, 1, 3	12, 27, 34, 24	29, 31, 37, 21	38, 8, 23	36, 3, 39, 34	29, 6, 40, 16	8, 6, 21, 40	21, 10, 3, 17	18, 12, 9, 19	17, 30, 14, 11	24, 4, 20, 1	3, 4, 19, 15	38, 39, 26, 27	30, 24, 40, 19	5, 8, 23, 37	30, 3, 11, 20	33, 24, 19, 31	11, 36, 36, 39	10, 9, 15	28, 13, 17, 40	26, 30, 29, 21	14, 6, 5, 1	X	39, 18, 32, 23
31	環境穩定性	21, 40, 17, 30	35, 8, 37, 5	36, 30, 32	36, 30, 32	5, 34, 24, 16	35, 17, 24, 36	26, 2, 8, 16	33, 40, 12, 28	10, 19, 37, 33	37, 36, 3, 29	9, 23, 40, 30	30, 8, 1, 14	4, 5, 39, 33	34, 30, 2	3, 9, 11	33, 21, 26, 27	4, 33, 2	13, 29, 6, 8	38, 31, 30, 5	20, 33, 10	28, 17, 2, 40	36, 10, 31, 4	2, 3, 13	35, 10, 37, 24	10, 40, 19, 9	17, 38, 16, 21	17, 30, 6	13, 32, 40, 3	22, 18, 4, 38	39, 18, 32, 23	X

（資料來源：David W. Conley, 2009　　註：1. 選最匹配的參數。2. 此表原理無順序性。）

2. 盡你所能使用現有的資源。

3. 若想不到點子，利用矛盾矩陣表，重新制定不同矛盾或從根源矛盾分析中，再找另外的矛盾。

6.2 矛盾矩陣表

　　矛盾矩陣表是解決矛盾的工具。有不同版本，這裡採用較容易使用的版本（David W. Conley，2009）。

6.3 以矛盾矩陣表選發明原理想新解決方案的步驟

　　依照 Valeri Souchkov 2017 年提供之材料有 7 個步驟：

1. 選擇想解決的矛盾情況。矛盾情況可從根源矛盾分析、其他來源或自己構想而得到。

2. 正負面效果選擇最接近之通用參數。找出最能匹配正面效果（改善的結果）的一個（或兩個）通用參數。找出最能匹配負面效果（惡化的結果）的一個（或兩個）通用參數。

3. 從矛盾矩陣表找適用的發明原理。利用矛盾矩陣表，針對所選的通用參數，找出交叉對應的格子，格子中有發明原理的編號。

4. 寫出所有找到的發明原理。記錄哪些發明原理出現超過一次。記錄哪些發明原理在格子中為第一個出現。做清單，列出所出現的發明原理。

5. 運用發明原理產生構想點子。針對清單中每個發明原理，想出新的解決方案。

6. 產生構想清單。記錄所有想到的點子、所有次要的點字（若有的話），檢查是否有點子是能組合起來，變成更多點子的。記錄這些新組合的點子。

7. 選擇最佳候選構想等待驗證。從所產生成的構想清單中選擇最佳候選構想，等候下一階段驗證構想。

一、步驟 1：選擇想解決的矛盾情況

　　從根源矛盾分析圖中選擇一個你想解決的矛盾。矛盾是由同一原因造成的一對「正面效果」與「負面效果」所形成的，如圖 6.1 所示。

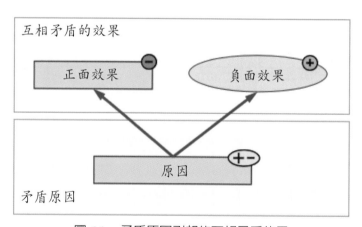

圖 6.1　矛盾原因引起的互相矛盾效果

　　注意：在某些情況下，不必構建根源矛盾分析圖來定義矛盾。可以通過簡單地詢問是什麼導致了負面影響，然後確定什麼是同一原因

導致的正面影響來定義矛盾。然而，為了更好地理解問題，我們建議
執行完整的根源矛盾分析。

二、步驟 2：正負面效果選擇最接近之通用參數

在矛盾矩陣左側的垂直「通用參數」（generalized parameters）
列表中，盡可能找到一個接近此矛盾「正面效果」特性之「特定參數」
的參數。在矛盾矩陣上側的水平「通用參數」列表中，盡可能找到一
個接近此矛盾「負面效果」特性之「特定參數」的參數。

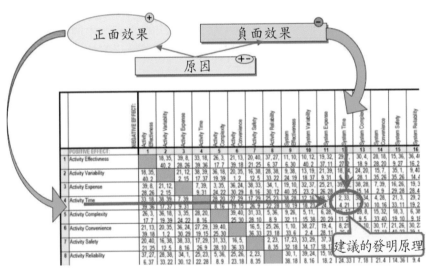

圖 6.2　正負面效果選擇最接近之通用參數

三、步驟 3：從矛盾矩陣表找適用的發明原理

找到問題當事人確定的兩個「通用參數」延伸線之間的交集格子

（如圖 6.2 是從左側第 4 個參數向右延伸的線與從上側第 12 個參數向下延伸的線之交集）。它將是矛盾矩陣表中的一個單元格子，其中包含 1 到 4 個數字。這些數字對應於 40 項「發明原理」的編號。請記住，單元格中發明原理的順序很重要：首先提到的發明原理，在解決給定矛盾方面具有最高的統計出現率。寫下這些發明原理。

四、步驟 4：寫出所有找到的發明原理

　　通常，你的「特定參數」可能找到「通用參數」列表中的幾個都能合理解釋，如圖 6.3。在這種「多組矛盾」情況下，對另外的「正面效果」與「負面效果」之「通用參數」組合，重複步驟 2（找到一組「正面效果」與「負面效果」之「通用參數」）和步驟 3（找到這組「通用參數」之「發明原理」）。寫下爲這些組合找到的「發明原理」，每個矛盾組合得到一組發明原理。建議 1 個想解決的矛盾情境，不使用超過 3 個矛盾參數組合。

五、步驟 5：運用發明原理產生構想點子

　　如果你找到了許多組發明原理，請檢查你各組發明原理中是否有相同的發明原理。如果存在這樣的原理，他們將是適用於解決你的問題的首選。如果沒有相同的發明原理，則從每組發明原理中選擇第一個發明原理開始用來產生創意。請仔細閱讀每個發明原理中給出的指導原則做法（或者稱爲「子原理」）和舉例，並將其作爲產生新的解決思路的指南。建議檢查所有找到的發明原理。

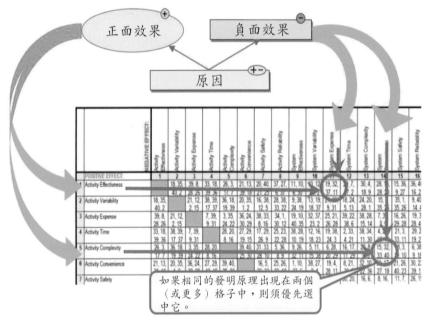

圖 6.3　多組矛盾的情況

　　當你開始使用發明原理產生構想時，你會注意到每個發明原理都
建議做一些事情：分割你的對象，或合併你的對象，或將你的對象上
下顛倒，等等。如果你的問題涉及系統中的多個組件而不是單一的對
象，請使用以下規則：首先，將發明原理中給出的指導做法應用於系
統中導致或涉及「正面效果」與「負面效果」的組件。例如，如果問
題是由汽車的輪子引起的，更具體的說，汽車的輪胎會因橡膠老化而
經常更換。一方面，輪胎必須具有彈性和柔軟性以提供平穩的行駛，
所以採用橡膠當輪胎的材料；另一方面，輪胎的使用壽命不會很長，
因為採用的橡膠容易老化。在這個例子中，一個常見的組件是輪胎，
而不是車輪，更具體地說是「橡膠」。

此外，在此步驟中，強烈建議考慮如何使用可用資源。

六、步驟 6：產生構想清單

記下產生的每個構想點子，即使你不喜歡某個構想並傾向於立即放棄它。從經驗得知，很少有問題可以通過單一構想解決，而是通過多種構想的組合來解決。因此，首先根據給定的發明原理產生構想，然後考慮不同構想的組合通常是有用的，表 6.2 為其中一種構想的組合方式。這樣的組合可以產生全新的構想。由產生的每個構想與組合的構想彙整為「構想清單」。

表 6.2　組合的構想表

	構想 1	構想 2	構想 3	構想 4	……	構想 n
構想 1						
構想 2						
構想 3						
構想 4						
……						
構想 n						

七、步驟 7：選擇最佳候選構想等待驗證

從你產生出的構想清單中選擇最佳候選構想，然後進入下一階段：驗證構想。

　　但是，如果沒有清晰可見的「最佳」構想，也就是問題當事人無法明確肯定哪個構想是最好的，請透過專家來評估與排序構想的名次或使用「多準則決策矩陣」（Multi-Criteria Decision Matrix, MCDM）來比較所產生成的構想。最好限制多準則決策矩陣只用來評估 10-15 個構想。

6.4 以矛盾矩陣表選發明原理想新解決方案的舉例：解決「國軍文卷室公文作業時效」中的矛盾

　　以下舉例取自林伊珈（2023）碩士論文中，要解決存在於「國軍文卷室公文作業時效」中矛盾的部份，整理修改而成。爲了精簡篇幅，將本書「6.3 以矛盾矩陣表選發明原理想新解決方案的步驟」做了精簡，內容如下：

　　通過使用根源矛盾分析法（RCA+），研究者發現的矛盾點共有三個。以下將依次敘述這三個矛盾點的正面效果與負面效果。

一、選擇想解決的矛盾情況：敘述矛盾點的正面效果與負面效果。

1. 矛盾點 1「文書人員位階低，管制不易」（如圖 6.4）

　　因「文書人員位階低，管制不易」（文書人員階級低，所以許多事情管不動），導致負面效果「文卷室工作制度不完善」（許多任務推動不順利）；但也有相對的好處「位階較低人員，培養的時間比較短」。

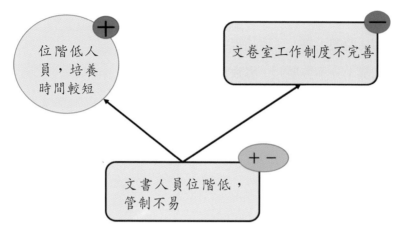

圖 6.4　矛盾點 1「文書人員位階較低，管制不易」

2. 矛盾點 2「作業規定精簡，不夠詳細」（如圖 6.5）

　　因「作業規定精簡，不夠詳細」，導致負面效果「文卷室工作制度不完善」；但也有相對的好處「新進參謀（這裡參謀是軍中管理文書工作者的職稱）易進入狀況開始工作」。

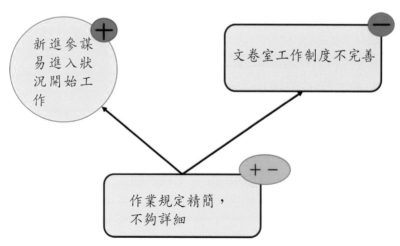

圖 6.5　矛盾點 2「作業規定精簡，不夠詳細」

3.矛盾點 3「獎懲不易」（如圖 6.6）

因「獎懲不易」（這是軍中情況要記功嘉獎十分不容易，要受到懲罰同樣十分不容易），導致負面效果「文卷室工作制度不完善」；但也有相對的好處「使人員更重視獎懲」。

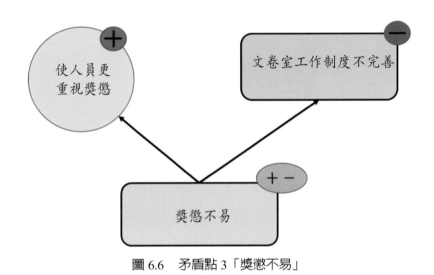

圖 6.6　矛盾點 3「獎懲不易」

二、正負面效果選擇最接近之通用參數：選擇最接近之通用參數並說明選擇理由。

針對上述的三個矛盾點 1「文書人員位階低，管制不易」、2「作業規定精簡，不夠詳細」、3「獎懲不易」的正負面效果，於三十一個商業管理通用商數中找出其對應參數。

1.位階低管不動之矛盾

矛盾點 1「文書人員位階低，管制不易」之對應商業管理參數，由下面表 6.3 所示：

表 6.3　矛盾點 1 之對應商業管理參數

矛盾點 1「文書人員位階低，管制不易」	31 個商業管理參數
（一）文卷室工作制度不完善	9 系統有效性
（十）位階低人員培養的時間比較短	12 系統時間

　　「文書人員位階低，管制不易」（文書人員階級低，所以許多事情管不動，特別是在軍中很重視階級服從的場域）是一個矛盾原因，它是造成「文卷室工作制度不完善」（許多任務推動不順利）的原因之一，它也是造成「位階低人員培養的時間比較短」的原因。

　　「文卷室工作制度不完善」是負面的效果，由於文書人員階級太低，使得文書人員在管制作業時易遇到阻礙，工作遭遇阻礙沒完成就累積下來，久而久之文書人員業務負荷量增大，業務工作難以推行，從而造成公文寫作時效性下降，文卷室是系統，工作制度不完善是效能差，所以負面的效果參數是 9 系統有效性；「位階低人員培養的時間比較短」是正面的效果，因為位階低人員需要的培養時間較短，比較容易補充上來，這是正面的效果參數 12 系統時間。

2. 規定太簡單之矛盾

　　矛盾點 2「作業規定精簡，不夠詳細」之對應商業管理參數，由下面表 6.4 所示：

表 6.4　矛盾點 2 之對應商業管理參數

矛盾點 2「作業規定精簡，不夠詳細」	31 個商業管理參數
（一）文卷室工作制度不完善	9 系統有效性
（十）新進參謀易進入狀況開始工作	26 適應性／多功能性

　　如前所述，「文卷室工作制度不完善」的負面效果參數是 9 系統有效性；「新進參謀易進入狀況開始工作」是正面的效果，因為作業規定精簡使得新進參謀不需要花費許多時間去了解，容易進入狀況開始工作，這是正面的效果參數 26 適應性／多功能性。

3. 不易賞罰之矛盾

　　矛盾點 3「獎懲不易」之對應商業管理參數，由下面表 6.5 所示：

表 6.5　矛盾點 3 之對應商業管理參數

矛盾點 3「獎懲不易」	31 個商業管理參數
（－）文卷室工作制度不完善	9 系統有效性
（＋）使人員更重視獎懲	1 活動效用性

　　獎懲不易是負面的效果參數 9 系統有效性，文書人員每年皆會將文書作業規定呈核給單位主官批示，內容皆含有相關獎懲的內容，但承辦參謀因為種種事由導致公文延宕，文書人員想要依規定懲處，但因為文書人員業務繁重，上簽呈需要主管、人事官、參謀主任、政戰處長級指揮官同意批示，無非是又多了一項工作，再加上會擔心懲處後被針對，所以常常只是口頭拜託承辦參謀盡速完成公文；「使人員更重視獎懲」是正面的效果，因為懲處不易使得受到獎懲的人，更加重視得到的獎懲，獎懲的效果就更強烈，除非犯了相當嚴重的過錯，才會進行懲處，不然正常只要年資時間到，就可以順利升遷，這是正面的效果參數 1 活動效用性。文書人員與承辦參謀皆是單位幕僚，只是承辦的業務不同，文書人員類似品管人員要負責審查承辦參謀的公文。

三、從矛盾矩陣找適用的發明原理

　　找出各矛盾點對應之商業管理參數後，對照商業管理矛盾矩陣找出與之對應的發明原理，如下面表 6.6、表 6.7、表 6.8 所示：

1. 矛盾點 1「文書人員位階低，管制不易」

　　在表 6.3 矛盾點 1「文書人員位階低，管制不易」之對應商業管理參數中，得知正面的效果參數為「12 系統時間」，負面的效果參數是「9 系統有效性」，利用這兩個參數，查表 6.1 矛盾矩陣表，可以得到適合解決這組矛盾的發明原理編號為 8、5、40、4，如表 6.6 所示。

表 6.6　矛盾點 1 之對應 40 發明原理

31 個商業管理參數		負面效益
		9
正面效益	12	8，5 40，4

　　對應之發明原理：8. 反制行為、5. 合併 / 整合、40. 組合（複合）結構、4. 非對稱性。

2. 矛盾點 2「作業規定精簡，不夠詳細」

　　同樣的，在表 6.4 矛盾點 2「作業規定精簡，不夠詳細」之對應商業管理參數中，得知正面的效果參數為「26 適應性 / 多功能性」，負面的效果參數是「9 系統有效性」，利用這兩個參數，查表 6.1 矛盾矩陣表，可以得到適合解決這組矛盾的發明原理編號為 38、35、34、19，如表 6.7 所示。

表 6.7　矛盾點 2 之對應 40 發明原理

31 個商業管理參數		負面效益
		9
正面效益	26	38，35 34，19

對應之發明原理：38. 增強的環境、35. 改變特性、34. 丟棄與恢復、19. 週期行為。

3. 矛盾點 3「獎懲不易」

同樣的，在表 6.5 矛盾點 3「獎懲不易」之對應商業管理參數中，得知正面的效果參數為「1 活動效用性」，負面的效果參數是「9 系統有效性」，利用這兩個參數，查表 6.1 矛盾矩陣表，可以得到適合解決這組矛盾的發明原理編號為 11，10、6、30，如表 6.8 所示。

表 6.8　矛盾點 3 之對應 40 發明原理

31 個商業管理參數		負面效益
		9
正面效益	1	11，10 6，30

對應之發明原理：11. 事先補償／預防、10. 預先行為、6. 多用性／多功能、30. 改變邊界條件。

接著針對各矛盾點在商業管理矛盾矩陣中對應參數列出與之對應的四十個發明原理，依據對應的發明原理為購想方向，思考問題的解

決方法。如下面表 6.9、表 6.10、表 6.11 所示。

四、寫出所有找到的發明原理，運用發明原理產生構想點子

1. 矛盾點 1「文書人員位階低，管制不易」之創意改善方案

表 6.9　矛盾點 1 之對應 40 個發明原理與改善方案

矛盾 1	依序	發明原理	改善方案
文書人員位階低，管制不易	8	反制行為	針對不配合承辦參謀，換位體驗
	5	合併／整合	訂定文書作業的流程，相似性公文，可以併案簽結
	40	組合（複合）結構	設置逐級指導制度
	4	非對稱性	經常延誤公文時效的人員，特別加強督導

　　矛盾點 1「文書人員位階低，管制不易」之創意改善方案如表 6.9 所示，詳細說明如下：

1) 針對不配合之承辦參謀，換位體驗：針對不願配合文卷室相關規定、用肩膀上階級說話及倚老賣老的承辦參謀，單位主官可以讓這些承辦參謀，換位體驗，使其了解文書人員的難處，這即是反制行為之表現。

2) 訂定文書作業的流程，相似性公文，可以併案簽結：文卷室偶有人員異動或新進員工不熟悉工作流程的情況，以致造成工作流程拖延耽誤公文時效之困擾。訂定文書作業工作流程，並告知承辦

參謀相似性公文可以一起簽辦，這將有效減少工作的困阻，提升工作效率，這即是合併、整合之表現。

3) 設置逐級指導制度：依人員現狀設置逐級指導制度，以經驗多帶少、專長強帶弱的形式，發揮互相指導的作用，實現內部的互相支援，這即是組合（複合）之表現。

4) 經常延誤公文時效的人員，特別加強督導：針對單位內，經常因為種種原因而延誤公文時效的承辦參謀，特別加強提醒並協助，因為有加強提醒並協助一部份承辦參謀，這即是非對稱性之表現。

2. 矛盾點 2「作業規定精簡，不夠詳細」之創意改善方案

表 6.10　矛盾點 2 之對應 40 個發明原理與改善方案

矛盾 2	依序	發明原理	改善方案
作業規定精簡，不夠詳細	38	增強的環境	於系統設置文書教學影片
	35	改變特性	視情況調整單位作業規定，並跟上級確認是否可行
	34	丟棄與恢復	文書量超過一個數量時（高標），調派支援人力；當處理至低於某數量時（低標），支援人力撤離。
	19	週期行為	每季辦理新進參謀講習、每半年辦理幕僚參謀文檔講習

矛盾點 2「作業規定精簡，不夠詳細」之創意改善方案如表 6.10 所示，詳細說明如下：

1) 於系統設置文書教學影片：如果線上系統設置有關文書簽辦公文

的相關規定及簽辦公文的教學影片，並要求每位承辦參謀每個月
至系統中研讀並做測驗了解學習成果，這將大幅提升承辦參謀對
文書相關規定的了解，進而提升公文時效性，這即是增強的環境
之表現。

2) 視情況調整單位作業規定，並跟上級確認是否可行：有些規定上
級已明確律定，但單位有時因為任務多而且繁雜，導致公文無法
如期完成，如遇到掛礙難行之處，可跟承辦幕僚討論，並跟上級
回報問題所在，並在不違反重大缺失的情況下，達到雙方皆可順
利完成目標的規定，這即是改變特性之表現。

3) 文書量超過一個數量時（高標），調派支援人力；當處理至低於
某數量時（低標）支援人力撤離：單位承辦參謀公文量及業務分
配有點不平均，有些參謀因為有階段性任務，任務期間，公文常
常會有延誤的情形發生，如果可以，這時應派支援人力幫忙協助
作業，等業務均已照期程完成或任務結束步上軌道，即不需要支
援人力，這即是丟棄與恢復之表現

4) 每季辦理新進參謀講習、每半年辦理幕僚參謀文檔講習：定期辦
理新進參謀、幕僚參謀文檔講習，可針對近期公文上失誤的部
分，加強宣導，以及針對相關規定及流程加以說明，進而提升公
文時效性，這即是週期行為之表現。

3. 矛盾點 3「獎懲不易」之創意改善方案

表 6.11　矛盾點 3 之對應 40 個發明原理與改善方案

矛盾 3	依序	發明原理	改善方案
獎懲不易	11	事先補償／預防	預先講習常見的錯誤
	10	預先行動	接任工作前事先交代公文流程
	6	多用性／多功能	每個月科室競賽，依規定評比，成績最好者給予獎勵
	30	改變邊界條件	時效性視情況通融，急件設置快速處理通道

　　矛盾點 3「獎懲不易」之創意改善方案如表 6.11 所示，詳細說明如下：

1) 預先講習常見的錯誤：對於單位新接任或初任官的承辦參謀，預先將文書作業規定、作業流程及如何簽辦公文之相關規定進行教學，進而提升公文時效性，這即是事先補償／預防之表現。

2) 接任工作前事先交代公文流程：文卷室偶而有人員異動或新進員工不熟悉工作流程的情況，以致工作流程停滯，在人員變動或新進員工初次接受工作前，事先交代清楚工作流程，可以有效減少後期工作的困難與阻礙，提升工作效率，這即是預先行動之表現。

3) 每個月科室競賽，依規定評比，成績最好者給予獎勵：評分相關規定明確寫出來與公告，每個月依科室為單位，由文卷室記錄並將相關數據交由單位主官裁示，成績高分者，給予適當的獎勵或

頒贈加菜金，以提升科室的士氣，相對的也提升公文的時效性，讓競賽與獎勵增加提升公文時效性的功能，這即是多用性／多功能之表現。

4) 時效性視情況通融，急件設置快速處理通道：在發文太晚、有急件或遇其他特殊情況時適當延長時效性，確實有時效性要求時，可通過急件快速處理通道規避一些非必要性流程，加快後續流程的處理時間，更快完成急件發文，因為有急件快速處理通道與一般通道不同，這即是改變邊界條件之表現。

6.5 小結

經由以矛盾矩陣表選發明原理，來構想新解決方案的 7 個步驟，可以構想出許多解決矛盾的方案，然後等待進入下一個評估構想績效與需要準備時間的「驗證構想」的階段。

在此以簡單的口訣來幫助讀者記憶順序：

選擇待解矛盾情況

選擇最適通用參數

找適用的發明原理

寫出所有發明原理

原理產生構想點子

彙整產生構想清單

選擇最佳候選構想

6.6 實作演練

1. 什麼是矛盾矩陣表？
2. 什麼是發明原理？
3. 什麼是正面效果參數？負面效果參數？
4. 請說明解決矛盾時的重要技巧。
5. 請說明以矛盾矩陣表選發明原理想新解決方案的 7 個步驟。

進階題

　　請模仿 6.4 節「解決『國軍文卷室公文作業時效』中的矛盾」案例的方式，建立自己研究主題的矛盾，並查矛盾矩陣表，選發明原理，想新解決方案。建議與第 3 章問題觀點圖、第 4 章創新問題情境問卷、第 5 章根源矛盾分析所做的主題一樣，可以彙集成為比較完整的成果。

參考文獻

1. David W. Conley. (2009). Business Contradiction Matrix_Rev2 . Retrieved on August 10, 2021 from: http://innomationcorp.com/Files/ Buss%20Matrix_Rev2.pdf
2. Valeri Souchkov. (2015) Innovative Problem Solving with TRIZ for Business and Management, Training Course material, The Society of

Systematic Innovation.

3. Valeri Souchkov. (2017). TRIZ and Systematic Innovation: Techniques and References for Business and Management, ICG Training & Consulting, Enschede, The Netherlands

4. 林伊珈（2023），運用商業管理萃思改善個案國軍文卷室公文作業時效，明新科技大學企業管理系管理碩士班，碩士論文。

第七章　點子評估、篩選與實施

7.1 點子評估和篩選的基本觀念

一、目的

　　第二章有提到點子評估和篩選的目的，一種是找到最有可能解決一個特定問題的點子，目標是找出一個最好的點子。另一種是找到一個產生點子的組合架構，目標是找出一些有很高潛力的點子。

二、名詞定義

1. 多準則決策矩陣（Multi-Criteria Decision Matrix, MCDM）：根據事先確定的多個評估標準與權重，評估多個點子、方案來進行選擇的方法。

2. 估計所需準備時間（Estimating Time to Market, ETM）：預估每個點子、方案從目前狀況到能夠確實執行所需要的準備時間。這裡英文的 Market 是廣義的，指可應用的場域。

3. ABC 過濾法（ABC Filtering）：將所產生的點子方案分為「A：值得考慮」、「B：不確定」和「C：不值得考慮」等三類的快速過濾不佳點子的方法。

三、評估和篩選方式

可以採用「多準則決策矩陣」來估算點子的績效，點子的績效分數越高，可以視為越好的點子。接下來，評估每個創意點子準備好到可以執行的時間，「估計所需準備時間」越短，就是越快能執行的點子。一般我們所要選擇的是又好又快的點子。除了「多準則決策矩陣」之外，二進制排序法（兩兩比較法）也可以被使用，但是結果會比較不準確。如果點子的數量較多，例如超過 15 個，可以用「ABC過濾法」來做點子的粗略評估選取，點子經過粗略評估選取後，再使用「多準則決策矩陣」來做點子的詳細評估選取。在此對基本觀念簡要說明一下。

7.2 ABC 過濾法

一、ABC 過濾法的理論

1. 過濾方式：只選擇有發展性的 10-15 個點子，以等待再進行更加專業的評估選取（有 10 個以上點子才需要篩選）。

2. 過濾標準：為每一個點子做以下標註：

   A：值得考慮

   B：不確定

   C：不值得考慮

3. 過濾結果：前 15 個被標為 A 的點子將被選來做進一步（多準則決策矩陣、估計所需準備時間）的篩選。

4. 過濾表格：如表 7.1 為 ABC 過濾法表格的形式。

表 7.1　ABC **過濾法的形式**

編號	創意點子方案	A	B	C
1	點子方案 1			
2	點子方案 2			
……	……			
W	點子方案 W			
合計				
備註	A：值得考慮、B：不確定、C：不值得考慮			

　　以下表 7.2 為 ABC 過濾法的舉例。問題情境為一間位於新竹縣某科技大學校門旁的便利商店（超商）在某一段期間，週一到週五中午，許多學生中午休息時間，走出校門看到最近的便利商店就進入購物，當時某科大有 1 萬 3 千多日夜間上課的學生，中午進入便利商店學生很多，造成店內擁擠，結帳久等，許多學生不耐久候，就離開到其他商店購物，該便利商店錯失一些做生意機會。除了週一到週五中午，是許多學生中午的休息時間，為該便利商店的尖峰時間，其他週五晚上，週六日全天，大部分學生都離開學校，該便利商生意就比較清淡。我針對問題情境，構思產生改善該便利商服務品質與營運績效的 11 個創意點子方案。表 7.2 為將已經產生出來的 11 個創意點子方案，再做點子的粗略評估選取，點子經過粗略評估選取後減少點子的數量，再來做點子的詳細評估選取。

表 7.2　改善某超商尖峰時間（服務品質與收益）問題的 ABC 過濾法

編號	創意點子方案	A	B	C
1	假日優惠（購物 85 折第二件半價）	V		
2	尖峰時間給折價卷可在人少時（晚上）來買		V	
3	尖峰時間增加兼職員工	V		
4	網路顯示店內擁擠程度，顧客不用到達才知道人太多要久等		V	
5	將原本店員處理的沖泡咖啡、加熱食物改為自助式		V	
6	在附近再開一家便利商店			V
7	請學校老師幫忙宣導依學號單雙數分流購買（例如：單號 12:00-12:30，雙號 12:30-13:00）			V
8	假日提供外送	V		
9	假日結帳時抽獎	V		
10	建立官方網站供學生討論改善方案		V	
11	減少物品種類，將較少人買物品停售			V
	合計	4	4	3
備註	A：值得考慮、B：不確定、C：不值得考慮			

二、ABC 過濾法的案例：改善某理髮部服務品質與收益

以下 ABC 過濾法的案例取自王行湧（2023）整理修改而成。問題情境為一間北部某軍事部隊裡面的理髮部，因服務品質不佳，面臨生意不佳，長期賠本，即將收店。研究者針對問題情境，利用商業管理萃思，產生改善該軍事部隊理髮部服務品質的 12 個創意點子方

案。表 7.3 為將已經產生出來的 12 個創意點子方案，再做點子的粗略評估選取，點子經過粗略評估選取後減少點子的數量，再來做點子的詳細評估選取。

表 7.3　改善某理髮部服務品質與收益的 ABC 過濾法創意分級

編號	創意點子方案	A	B	C
1	理髮部可先與部隊預約，針對部隊理髮人數來布置場地。	V		
2	建立連絡群組配合部隊理髮時間。		V	
3	在聯絡群組發布一些理髮成果供官兵參考。	V		
4	請託部隊將理髮安排在另一個活動中（例如：請託官兵在整理環境時間中輪流去理髮）。	V		
5	將原本理髮中的洗頭服務改為自助式。		V	
6	在理髮部提供電視收視，讓等理髮者沒有感覺等待很久。		V	
7	在休息時間討論和解決現有的問題或提出新的想法。		V	
8	可先領取號碼牌去推算理髮時間、店內先放置有趣受歡迎的漫畫供等待官兵觀看。	V		
9	提供國軍官兵理髮圖解說明；與外面資深髮型設計師合作；視訊提供即時建議，論件計酬。		V	
10	建立官方網站供官兵討論、參考。			V
11	成立解決官兵消費問題小組。		V	
12	提供官兵理髮前後照片做參考。		V	
	合計	4	7	1
備註	A：值得考慮、B：不確定、C：不值得考慮			

　　由於方案 2、5、6、7、9、11、12 在 ABC 過濾法中被列爲不確定方案，方案 10 被列爲不值得考慮方案，因此接下來的決策過程中，將不再列入這 8 個選項爲考量的範圍；而往後決策中，各方案序號將依序往前遞補。

　　經過 ABC 過濾法篩選後值得考慮的方案有 4 個：

1. 「理髮部可先與部隊預約，針對部隊理髮人數來布置場地」：若人數過多，可先由部隊提供場地並先期完成布置，較能同時容納多數官兵，也能節省成本來布置理髮部。

2. 「在聯絡群組發布一些理髮成果供官兵參考」：讓官兵可隨時在理髮前，對理髮部所提供的髮型有先期的認知，也可提高至理髮部消費的意願。

3. 「請託部隊將理髮安排在另一個活動中（例如：請託官兵在整理環境時間中輪流去理髮）」：改變傳統理髮店制式的理髮流程，有效提升效率。

4. 「可先領取號碼牌去推算理髮時間、店內先放置有趣受歡迎的漫畫供等待官兵觀看。」：先領取號碼牌可避免在現場排隊浪費時間等待，可預先推算理髮的時間，而且在店內放置一些受歡迎的書刊雜誌也可讓官兵認爲等待的時間不至於枯燥乏味。

7.3 多準則決策矩陣

一、多準則決策矩陣的介紹

　　多準則決策矩陣用於根據多個標準評估一個點子、方案。通常在開始解決問題之前先確定這些標準。這些標準表達了我們對所需解決問題的要求。這些要求可以是任何類型的：技術、財務、美感等。這些標準最好是先在「創新情境問卷」制定出的未來需求與要求之解答。新的需求與要求也可以事後加入創新情境問卷使更完整。

　　例如，我們的問題是在運輸玻璃瓶的過程中，瓶子可能會破裂。因此，我們可能會決定以下標準來確定我們未來的解決方案：

1. 瓶子不能破。
2. 運輸包裝的物理體積不應增加。
3. 解決方案的成本不應超過每瓶 30 元台幣。
4. 瓶子不能換。
5. 將瓶子裝載／卸載到包裝中的過程應該保持簡單。

　　依此類推，我們可以根據需要確定盡可能多的標準。

　　多準則決策矩陣的一般形式如下：

表 7.4　多準則決策矩陣的形式

編號	創意點子方案	標準 1	標準 2	……	標準 n	總分	排名
	加權分數（重要性越高分數越高）						
1	點子方案 1						
2	點子方案 2						
……	……						
M	點子方案 M						

二、多準則決策矩陣的步驟

1.第 1 步：寫下標準和點子（方案）

　　將表格內的「標準」替換為你的特定標準，將表格內的「點子」替換為你產生的點子。表 7.5 為表 7.2 ABC 過濾法中 A 級的點子，保留下來作比較詳細的評估。

表 7.5　改善某超商尖峰時間問題之寫下的標準和點子

編號	創意點子方案	吸引顧客	容易執行	不增成本	增加收益	總分	排名
	加權分數（重要性越高分數越高）						
1	假日優惠（購物 85 折第二件半價）						
2	尖峰時間增加兼職員工						
3	假日提供外送						
4	假日結帳時抽獎						

2.第2步：決定各個標準的權重

很明顯，每個標準都不相同。有些更重要，有些則不是那麼重要。因此，要為每個標準決定權重係數。它們的係數通常在1到10之間。10對應於最重要的標準，1對應於最不重要的標準。

表 7.6　改善某超商尖峰時間（服務品質與收益）問題之決定各個標準的權重

編號	創意點子方案	吸引顧客	容易執行	不增成本	增加收益	總分	排名
	加權分數（重要性越高分數越高）	8	6	8	10		
1	假日優惠（購物85折第二件半價）						
2	尖峰時間增加兼職員工						
3	假日提供外送						
4	假日結帳時抽獎						

3.第3步：根據標準評估每個點子分數

在每個格子中，通過評估每個點子與每個標準符合的程度來評分。用數字代替來表達符合某個標準的程度，若是完全符合某個標準的情況下，在這個標準下填寫「+1」，在部分符合某個標準的情況下，在這個標準下填寫「0」，在沒有符合某個標準的情況下，在這個標準下填寫「-1」。

表 7.7　改善某超商尖峰時間問題之評估矩陣中每個點子分數

編號	創意點子方案	吸引顧客	容易執行	不增成本	增加收益	總分	排名
	加權分數（重要性越高分數越高）	8	6	8	10		
1	假日優惠（購物 85 折第二件半價）	1	1	1	1		
2	尖峰時間增加兼職員工	1	1	-1	1		
3	假日提供外送	1	-1	-1	1		
4	假日結帳時抽獎	0	0	-1	1		

4.第 4 步：計算點子各標準之權重得分

　　將符合某個標準程度的數字乘以這個標準的權重獲得這個點子的各標準之權重得分。

公式：點子的第 i 個標準之權重得分=（點子標準 i 程度的數字）X（點子標準 i 權重的數字）

表 7.8　改善某超商尖峰時間問題之計算點子各標準的權重得分

編號	創意點子方案	吸引顧客	容易執行	不增成本	增加收益	總分	排名
	加權分數（重要性越高分數越高）	8	6	8	10		
1	假日優惠（購物 85 折第二件半價）	1X8=8	1X6=6	1X8=8	1X10=10		
2	尖峰時間增加兼職員工	1X8=8	1X6=6	-1X8=-8	1X10=10		
3	假日提供外送	1X8=8	-1X6=-6	-1X8=-8	1X10=10		
4	假日結帳時抽獎	0X8=0	0X6=0	-1X8=-8	1X10=10		

5.第 5 步：計算點子總分

　　將符合某個標準程度的數字乘以這個標準的權重相加獲得這個點子的總分。

公式：點子的總分 =（點子標準 1 程度的數字）X（點子標準 1 權重的數字）+（點子標準 2 程度的數字）X（點子標準 2 權重的數字）+……+（點子標準 n 程度的數字）X（點子標準 n 權重的數字）

表 7.9　改善某超商尖峰時間問題之計算點子各標準的權重總分

編號	創意點子方案	吸引顧客	容易執行	不增成本	增加收益	總分	排名
	加權分數（重要性越高分數越高）	8	6	8	10		
1	假日優惠（購物 85 折第二件半價）	1X8=8	1X6=6	1X8=8	1X10=10	32	1
2	尖峰時間增加兼職員工	1X8=8	1X6=6	-1X8=-8	1X10=10	16	2
3	假日提供外送	1X8=8	-1X6=-6	-1X8=-8	1X10=10	4	3
4	假日結帳時抽獎	0X8=0	0X6=0	-1X8=-8	1X10=10	2	4

　　獲得最高總分的點子通常被認為是實施的最佳候選方案。

　　然而，在某些情況下，一個點子可能會獲得最高分，但它卻不符合某些具有最高權重值的標準（這個標準下是填寫 -1）。在這種情況下，這意味著實施這種點子需要進行重大更改，並且可能有兩種情況：

1. 放棄該點子並選擇另一個點子。

2. 如果這個點子看起來仍然很有吸引力，我們不想放棄它，那麼我們產生一個新的問題：如何讓這個點子符合最高權重值的標準，然後著手解決這個問題。

三、一些常用的評估標準

下列的標準可以單獨使用或與多準則決策矩陣結合使用：

1. 解決方案完全提供了所需的結果，沒有採取折衷妥協方式。

2. 解決方案以「雙贏」的方式消除矛盾。

3. 解決方案不花錢或盡可能接近理想方式。

4. 解決方案不會產生任何其他有害的副作用。

5. 解決方案可能會得到額外的好處。

6. 解決方案在其生命週期內不會產生任何額外的重大成本。

7. 解決方案對問題解決者具有心理吸引力。

8. 解決方案符合最高程度的市場價值。

9. 解決方案提供最快的估計所需準備時間。

10. 實施解決方案需要解決的相關問題估計數量最少。

11. 實施解決方案需要解決的相關問題估計最容易解決。

12. 解決方案符合問題解決者的商業策略。

13. 解決方案有進一步發展的潛力。

14. 解決方案提供額外的好處。

15. 解決方案在市場上具有最長的估計使用時間，直到產生另一種解決方案替換它。

四、多準則決策矩陣的案例：改善某理髮部服務品質與收益

以下多準則決策矩陣的案例取自王行湧（2023）整理修改而成。由前面 ABC 過濾法的舉例中，得到值得考慮的方案有 4 個，將所得

到這 4 個方案再利用多標準決策矩陣，以預估方案效果、預估執行成本、容易執行度及官兵接受度等 4 項評估標準分別進行評分，並依標準的重要性給予加權分數，如表 7.10 所示。

表 7.10　改善某理髮部服務品質與收益之多標準決策矩陣

編號	創意點子方案	預估方案效果	預估執行成本	容易執行度	官兵接受度	計分	排名
	重要性（加權分數）	10	8	7	5		
1	理髮部可先與部隊預約，針對部隊理髮人數來布置場地。	0	1	0	1	13	3
2	在聯絡群組發布一些理髮成果供官兵參考。	0	1	1	0	15	2
3	請託部隊將理髮安排在另一個活動中（例如：請託官兵在整理環境時間中輪流去理髮）。	0	0	1	1	12	4
4	可先領取號碼牌去推算理髮時間、店內先放置有趣受歡迎的漫畫供等待官兵觀看。	1	0	1	1	22	1

總結以上多準則決策矩陣表的評分結果，可以得知改善理髮部生意最佳方案為方案 4：可先領取號碼牌去推算理髮時間，此方案在預估方案效果最佳，且相對容易執行，並於官兵接受度中取得滿分，值得作為問題改善方案的參考。

7.4 估計準備時間與點子篩選

一、點子實施估計準備時間

如表 7.11 爲點子實施估計準備時間表格的形式。

表 7.11　創意點子方案的估計準備時間

編號	創意點子方案	估計準備時間
1	點子方案 1	
2	點子方案 2	
……	……	
M	點子方案 M	

由前面 ABC 過濾法的舉例表 7.2 中，得到值得考慮的方案有 4 個，接著預先估計執行每個方案所需要的準備時間，以利於挑選出方案時，一併納入決策考量中，舉例如下表 7.12 所示。

表 7.12　改善某超商尖峰時間問題之創意點子方案估計準備時間

編號	創意點子方案	估計準備時間（週）
1	假日優惠（購物 85 折第二件半價）	2
2	尖峰時間增加兼職員工	4
3	假日提供外送	8
4	假日結帳時抽獎	1

二、點子實施估計準備時間的案例：改善某理髮部服務品質與收益

　　以下點子實施估計準備時間的案例取自王行湧（2023）整理修改而成。由前面 ABC 過濾法的案例中，得到值得考慮的方案有 4 個，接著估計執行每個方案所需要的準備時間，以利於挑選出方案時，一併納入決策考量中，案例如下表 7.13 所示。

表 7.13　改善某理髮部服務品質與收益之創意點子方案估計準備時間

編號	創意點子方案	估計準備時間
1	理髮部可先與部隊預約，針對部隊理髮人數來布置場地。	3 週
2	在聯絡群組發布一些理髮成果供官兵參考。	12 週
3	請託部隊將理髮安排在另一個活動中（例如：請託官兵在整理環境時間中輪流去理髮）。	2 週
4	可先領取號碼牌去推算理髮時間、店內先放置有趣受歡迎的漫畫供等待官兵觀看。	1 週

三、點子篩選圖介紹

　　綜合「多標準決策矩陣」和「估計準備時間」的綜合比較後，其結果將以圖 7.1 方式呈現。

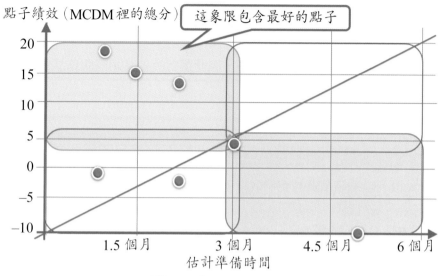

圖 7.1　點子篩選圖樣式

　　點子篩選圖分為四個部分，靠近左上方的方案就是處理問題越有效率的方案，值得參考利用。如圖 7.2 為改善某超商尖峰時間問題的點子篩選圖。

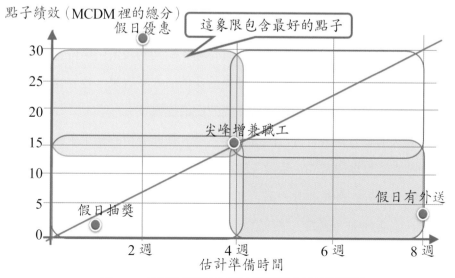

圖 7.2　改善某超商尖峰時間問題的點子篩選圖

　　從圖 7.2 點子篩選圖可以看出點子方案中，假日優惠（購物 85 折第二件半價），無論在預估方案效果好、準備時間短兩方面都能達到很好結果，是又好又快的點子，因此選爲改善某超商服務品質與收益的最佳方案。

四、點子篩選圖的案例：改善某理髮部服務品質與收益

　　以下點子篩選圖的案例取自王行湧（2023）整理而成。

(一) 點子篩選圖的繪製

　　由前面 ABC 過濾法的案例中，得到值得考慮的方案有 4 個，經過多準則決策矩陣計算得到分數，經過估計執行每個方案所需要的準備時間，將 4 個方案的多準則決策分數，估計需要準備時間繪圖，得到如圖 7.3 之點子篩選圖。

(二) 創意點子改善方案的比較

　　從圖 7.3 創意點子改善方案篩選比較圖可以看出方案中可先領取號碼牌去推算理髮時間、店內先放置有趣受歡迎的漫畫供等待官兵觀看，因其所需準備時間最短，而且無論在預估方案效果、容易執行度及官兵接受度等方面皆能達到最高成效爲最佳方案。

　　其次則是方案各有自己的優勢與劣勢。在此分析的結果是先領取號碼牌去推算理髮時間、店內先放置有趣受歡迎的漫畫供等待官兵觀看爲第一優先的創意改善方案，其次方案則是可請託部隊將理髮安排在另一個活動中（例如：請託官兵在整理環境時間中輪流去理髮）、

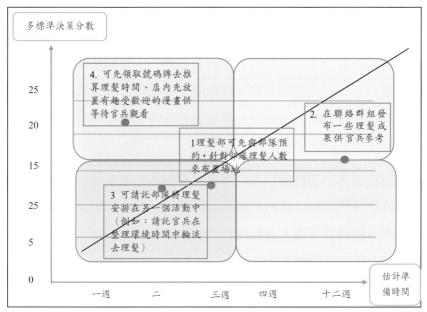

圖 7.3　改善某理髮部服務品質與收益的點子篩選圖

理髮部可先與部隊預約，針對部隊理髮人數來布置場地等一併實施，最後方案是在聯絡群組發布一些理髮成果供官兵參考最能改善理髮部生意不佳的問題，但是耗費的時間是最長的，其他方案是可在短時間內改善理髮部生意的較佳方法。

(三) 選出之最佳點子方案

本研究綜合考慮後選出之最佳方案前三名為：

1. 領取號碼牌去推算理髮時間、店內先放置有趣受歡迎的漫畫供等待官兵觀看：藉由領取號碼牌去推算理髮時間、店內先放置有趣受歡迎的漫畫供等待官兵觀看，提升官兵對於理髮部的好感以及

需求，才能大大的增加理髮部的來客數，讓生意能夠在短時間就能夠有明顯的改善。

2. 在聯絡群組發布一些理髮成果供官兵參考：在聯絡群組發布一些理髮成果供官兵參考，提早預約能夠有效提升理髮部的效率，避免時間上有衝突，造成官兵需耗費較長時間等待，且能夠讓官兵在時間運用上更富彈性空間。

3. 理髮部可先與部隊預約，針對部隊理髮人數來布置場地：理髮部可先與部隊預約，針對部隊理髮人數來布置場地可讓官兵免於消耗更多的時間等待，且也能在遇到檢查時來不及完成理髮官兵做佐證之用也更能讓官兵安心於工作之上，避免影響任務執行。

7.5 點子實施與成果驗證

經過分析問題、產生創意點子方案、選出最佳的點子方案，如果就此停止了，前面所有花費的許多精力，都無用武之地，十分的可惜！因此要盡可能的實施你所選出的最佳方案，為了增加實施所產出最佳方案的機會，在最初選擇要研發主題時，就要考慮研發成果的實施機會，如同在第 3.2 節「問題情境描述」所述。

一、比較方案實施前後的質性量化評估指標得知效果

實施你所選出的最佳方案一段時間（總要實施數次或 1-2 個月比較有相當數據可以比較）後，在其他條件沒有改變的情況下，比較最

佳點子方案實施前後的質性、量化評估指標，來得知最佳方案的效果。如果效果不如預期，就可以回頭檢視是哪個環節出了狀況，是否資料調查訪談過於倉促，只有瞭解問題的一部分，有重要因素沒有納入考量？是否方法的運用有所誤差？是否評選點子方案的標準不適合實務情況，所以選出最佳的點子方案不是有效的方案？是否實施的方式沒有好好規劃、事先溝通相關人員達成共識，願意盡力配合、在實施實有遭遇阻力（陽奉陰違）？如果效果達到預期，就可持續這有效的方案，看看是否有機會經過調整或優化，應用到更多類似的狀況，產生更多改善成果。

二、輔助進行最佳方案的工具

(一) 專案管理可以輔助進行最佳方案有條理

　　若是能順利執行所選出的最佳方案，則不需要閱讀本部分「專案管理」。你可以把所選出的最佳方案當作需要管理的專案。專案管理幫助你或相關人員在專案中組織、追蹤並執行工作。可以將專案想像為某種為了完成特定目標而進行的一組任務。專案管理可以幫助您的團隊規劃、管理並執行工作，按時實現專案要求。

(二) 原子習慣可以輔助進行最佳方案有進度

　　若是能順利執行所選出的最佳方案，則不需要閱讀本部分「原子習慣」。詹姆斯 · 克利爾（2019）從生物學、心理學及神經科學中得到啟發，結合自己親身實踐的經驗，創造出簡單易懂、容易執行的

「行為改變四法則」，為 4 個重點步驟，稱為「原子習慣」。行為改變四法則可以有效幫助運用者打造好習慣、戒除壞習慣。如果你有了所選出的最佳方案可以執行，卻都一直沒有執行，可以利用行為改變技術，幫助自己容易去執行所選出的最佳方案。

行為改變四法則如下，因為本書主要是介紹商業管理萃思，詳細內容請讀者自行參閱相關書籍、網路資料。

1. 法則 1：讓提示顯而易見

把最佳方案需要做的事「顯現化」，讓你每天一定會看到提示與目前進度，有人會很容易看到你的進度，而提醒你不要落後。例如你公告在同事、朋友圈社群，你要開始執行最佳方案，預計何時完成何種成果。例如：你想要準備考「理財規劃人員」，你將「明年考取理財規劃人員」文字貼在書房牆上，每天都看得到。

2. 法則 2：讓習慣有吸引力

把最佳方案需要做的事「連結化」，跟你每天一定要做的事產生連結。例如：一進辦公室馬上接著做昨天的最佳方案進度 2 小時。每天早上醒來讀 20 分鐘英文。

3. 法則 3：讓行動輕而易舉

把最佳方案需要做的事「迷你化」，切割成容易執行的小行動。例如：一年寫一本書切割成每天寫半小時書。明年考「導遊」切割成每天讀一小時考試的書。

4. 法則 4：讓獎賞令人滿足

做完一個行動後給自己一個獎勵，得到自己喜歡的東西，可以使行為動機「增強化」，增加做下次行動的動機。例如做完某個小行動

後去吃個自己喜歡的點心，完成某個中行動後看場自己喜歡的電影。

三、最佳方案實施前後比較的案例（議論文寫作）

　　以下實施前後比較的案例取自蔡欣怡（2021）整理而成。研究者（蔡欣怡，2021）在期中考結束不久，以「努力與收穫」為題目，第一次教導新竹市東區某班小學五年級 26 位學生的議論文寫作後，發現學習成效不好，學生未掌握寫作要點，未達一般水準的四級分。她利用商業管理萃思，產生 16 個創新方案。經過 ABC 過濾法創意分級、多標準決策矩陣、估計準備時間的篩選後，從原本 16 個創新方案，選出方案 1、2、3、4、8、9 為最佳方案，再接續第二、三次議論文寫作，以驗證創意改善方案的有效性。其中方案 1 為「學生寫作前提醒重點，已學會技巧減少提醒以節省時間」，方案 2 為「寫作前利用課文內容指導學生寫作技巧」，方案 3 為「讓學生分組進行資料蒐集與分享資料」，方案 4 為「在晨光時間使用影片或提供課外閱讀物給學生」，方案 8 為「藉課文內容當作範文，引導學生學習其文體規範」，方案9為「進行寫作前，教師可先安排一系列的相關教學」。

(一) 第一次（前測）議論文寫作實施情境及結果

　　研究者將學生的寫作成品，交給三位校內平均教學年數 15 年以上教師，也是每年校內語文競賽的常態性評審老師，依據課綱對議論文的學習內容之規範進行評分，當作前測。

　　透過前測的實施，發現該班學生議論文的寫作問題，主要有兩點：1.論點說明不夠詳盡。2.論據不夠充分，無法說服讀者。而議論

文首重「論點」清晰、「論據」有力，以及「論證」過程的合理性，但該班學生在第一次的議論文寫作表現上並未掌握寫作要點，導致平均級分偏低，作文分數多半集中在二～四級分之間，平均成績為 2.7 級分，其三位資深教師的評分結果分別如下表 7.14a、表 7.14b 和表 7.14c 所示。有 A、B、C 三位教師評分，相對較一位教師評分為客觀。

表 7.14a　「A」教師的前測評分結果

級分	零	一	二	三	四	五	六
人數（人）	1	3	6	9	5	1	1
平均級分	約二點八級分						

表 7.14b　「B」教師的前測評分結果

級分	零	一	二	三	四	五	六
人數（人）	1	2	8	7	6	2	0
平均級分	約二點八級分						

表 7.14c　「C」教師的前測評分結果

級分	零	一	二	三	四	五	六
人數（人）	1	3	7	8	6	1	0
平均級分	約二點六級分						

(二) 第二次議論文寫作實施情境及結果

1. 創意改善方案實施時間：2020 年 12 月 14 日至 12 月 18 日

2. 寫作日期：2020 年 12 月 18 日

3. 寫作題目：因第一次寫作結果顯示學生並未掌握議論文寫作技巧，代表教師的「教」與學生的「學」成效不佳，所以學生學習效果不好，因此資深教師們建議研究者第二次寫作題目繼續沿用「努力與收穫」，再次對學生進行教學指導。

4. 參與學生人數：共 26 人

5. 創意改善方案實施過程簡述，如下表 7.15 所示：

表 7.15　第二次寫作之創意改善方案實施過程

日期	創意改善方案	創意改善方案實施過程
2020/12/14	方案 2：寫作前利用課文內容指導學生寫作技巧。 方案 8：藉課文內容當作範文，引導學生學習其文體規範。 方案 9：在進行寫作前，教師可先安排一系列的相關教學。	以翰林版第九冊第 11 課敏銳觀察（文體：議論文）作為當週國語課教學內容，教師藉由該課的文章架構引導學生學習議論文的架構組織，以及概述議論文三要素（論點、論據、論證）。
2020/12/15	方案 2：寫作前利用課文內容指導學生寫作技巧。 方案 3：讓學生分組進行資料蒐集與分享資料。 方案 8：藉課文內容當作範文，引導學生學習其文體規範。 方案 9：在進行寫作前，教師可先安排一系列的相關教學。	1. 教師針對「敏銳觀察」一課中之論據的寫作手法詳細解說，因為此部分是學生在第一次寫作中嚴重失誤的地方。 2. 教師告知學生週五將會實際寫一篇議論文：「努力與收穫」，並提供相關讀物給予學生參考，也指派回家作業：查詢與寫作主題相關的名言佳句及名人故事，並於隔日帶來與同學分享。

日期	創意改善方案	創意改善方案實施過程
2020/12/16	方案 3：讓學生分組進行資料蒐集與分享資料。	教師請學生上臺分享自己蒐集到的相關名言佳句及故事。
2020/12/17	方案 4：在晨光時間使用影片或提供課外閱讀物給學生。 方案 9：在進行寫作前，教師可先安排一系列的相關教學。	教師提供名人奮鬥故事影片給學生觀看，如：吳寶春、愛迪生、林書豪……等人。
2020.12/18	方案 1：學生寫作前提醒重點。 已學會技巧減少提醒以節省時間。	學生實際進行寫作，教師在學生寫作前，先統整前四天的議論文教學內容，再次提醒學生寫作重點。

6. 評分結果：如表 7.16a、表 7.16b 和表 7.16c 所示。

7. 學生第一次寫作成果與第二次寫作「平均級分」比較成果如圖 7.4。

表 7.16a　「A」教師的第二次寫作評分結果

級分	零	一	二	三	四	五	六
人數（人）	0	0	1	6	12	6	1
平均級分	級四級分						

表 7.16b　「B」教師的第二次寫作評分結果

級分	零	一	二	三	四	五	六
人數（人）	0	0	1	5	13	6	1
平均級分	約四級分						

表 7.16c　「C」教師的第二次寫作評分結果

級分	零	一	二	三	四	五	六
人數(人)	0	0	1	6	13	5	1
平均級分	約三點九級分						

　　由上列三個表可得知第一次寫作結果與第二次寫作結果之間，學生的表現呈現進步的狀態。不但一級分到三級分的人數比例減少，甚至歸零；而且四級分到五級分的人數則大幅度增加，也就是說學生在教師利用創新方案進行教學後，對議論文的寫作技巧提升，進而影響了寫作成效。

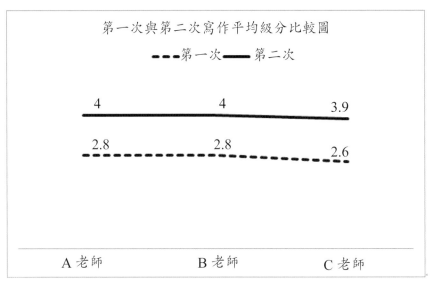

圖 7.4　第一次與第二次寫作「平均級分」比較圖

　　從第一次與第二次寫作平均級分比較圖來看，第一次寫作的平均

級分不到四級分，也就是老師的議論文教學並未讓學生達到應有的平均寫作水準，而在實施創新教學方案後的第二次寫作，學生平均級分上升至四級分呈上升趨勢，因此研究者認為創新教學方案對學生議論文寫作成效的提升是有效的。

(三) 第三次議論文寫作實施情境及結果

此次寫作的目的在於再次驗證創意改善方案是否能有效提升國小高年級生議論文寫作成效。實施情境及結果如下：

1. 創意改善方案實施時間：2020 年 12 月 29 日至 2021 年 1 月 4 日

2. 寫作日期：2021 年 1 月 4 日

3. 寫作題目：因前兩次寫作的議論文題目屬「因果型」，故研究者此次寫作亦指定同類型的題目－「誠實與信任」，以避免影響研究結果。

4. 參與學生人數：共 26 人

5. 創意改善方案實施過程簡述：

由於第二次的議論文寫作，班上同學已能掌握議論文的寫作技巧，所以資深教師們建議研究者第三次寫作不需再以課文為範例進行議論文的架構教學，直接進入寫作主題相關引導即可，其實施過程如下表 7.17 所示。

表 7.17 第三次寫作之創意改善方案實施過程

日期	創意改善方案	創意改善方案實施過程
2020/12/29	方案 3：讓學生分組進行資料蒐集與分享資料。 方案 9：在進行寫作前，教師可先安排一系列的相關教學。	教師告知學生下週一將會再次寫一篇議論文：「誠實與信任」，並提供相關讀物給予學生參考，也指派回家作業：查詢與寫作主題相關的名言佳句及名人故事，並於隔日帶來與同學分享。
2020/12/30	方案 3：讓學生分組進行資料蒐集與分享資料。	教師請學生上臺分享自己蒐集到的相關名言佳句及故事。
2020/12/31	方案 4：在晨光時間使用影片或提供課外閱讀物給學生。 方案 9：在進行寫作前，教師可先安排一系列的相關教學。	教師提供與誠實相關的故事影片給學生觀看，如：華盛頓與櫻桃樹、林肯的故事、誠實的晏殊……等。
2020/1/1	元旦（放假日）	元旦（放假日）
2021/1/4	方案 1：學生寫作前提醒重點。 已學會技巧減少提醒以節省時間。	學生實際進行寫作，教師在學生寫作前，先統整前四天的議論文教學內容，再次提醒學生寫作重點。

6. 評分結果：如下表 7.18a、表 7.18b 和表 7.18c 所示。

表 7.18 「A」教師的第三次寫作評分結果

級分	零	一	二	三	四	五	六
人數（人）	0	0	1	5	13	5	2
平均級分	約四點零七級分						

表 7.18b　「B」教師的第三次寫作評分結果

級分	零	一	二	三	四	五	六
人數（人）	0	0	1	4	14	6	1
平均級分	約四點零七級分						

表 7.18c　「C」教師的第三次寫作評分結果

級分	零	一	二	三	四	五	六
人數（人）	0	0	1	5	14	4	2
平均級分	約四點零三級分						

　　第三次的成績與第二次成績雖差異不大，但高分群（五級分與六級分）的人數皆有增加。這現象也顯示出學生在教師運用創新教學方案持續教學後，對議論文的寫作技巧掌握越來越熟練，因此寫作成效再次提升。

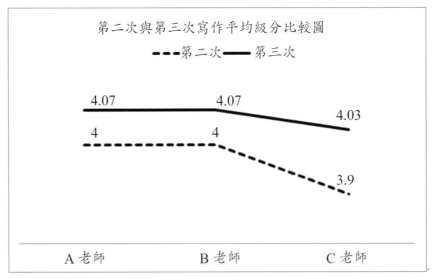

圖 7.5　第二次與第三次寫作「平均級分」比較圖

由圖 7.5 可以得知，第三次寫作平均級分相較於第二次的寫作平均級分亦呈現上升趨勢，且三位教師的評分平均皆達四級分，表示學生的議論文寫作已達中等水準，也就是在創新教學方案的教學下，多數學生已學會議論文的寫作技巧

四、最佳方案實施前後比較的案例（體能訓練）

以下實施前後比較的案例取自劉雅慧（2021）整理修改而成。研究者已經從創意改善方案篩選比較圖可以看出方案 2、5 為最理想方案解，因其所需準備時間最短，而且無論在師資接受度或官兵體能訓練成效方面皆能達到最高成效為最佳方案。其次則是方案 3、4、6、7、9、10，各有自己的優勢與劣勢。最後，由最後方案 1、8、11 進行施測三項體能，本論文的分析結果以方案 2、5 為第一優先的創意改善方案，其次則方案 3、4、6、7、9、10 也會進行體能訓練實施過程中，最後方案 1、8、11 進行施測三項體能瞭解官兵是否提升體能狀況。因為在問題分析中發現訓練方案單一會比較單調，是訓練成效不佳的重要原因，因此不採取單獨實施最佳方案的方式，而是採取多個最佳方案交替實施之訓練方式。後面將敘述實施成果之比較。

(一) 第一次（前測）體能測實施情境及結果

研究者為協助新竹縣湖口某部隊某營某連體能輔訓官改善官兵體能訓練成效未達成標準的人。在此以研究開始後之首次體能鑑測，2021.03.04 成績，做為創意改善方案實施前後之比較基準，當作前測。2021.03.04 該連施測三項體能測成績如表 7.19 所示：

表 7.19　三項體能鑑測總成績

<table>
<tr><td colspan="6" align="center">裝甲 AAA 旅 BBB 營營部連
110 年 3 月份駐地體能鑑測成績冊</td></tr>
<tr><td colspan="4">餉冊人數</td><td>93 (A)</td><td rowspan="3">仰臥
起坐</td><td>受測人數</td><td>79</td></tr>
<tr><td rowspan="2">BMI</td><td>男</td><td rowspan="2">≧</td><td>31</td><td rowspan="2">（不列入
免測數）</td><td>合格人數</td><td>79</td></tr>
<tr><td>女</td><td>26</td><td>合格率</td><td>100%</td></tr>
<tr><td rowspan="9">事故人數</td><td colspan="3">因公受傷</td><td rowspan="5">(D)
（不列入
免測數）</td><td rowspan="3">俯地
挺身</td><td>受測人數</td><td>79</td></tr>
<tr><td colspan="3">懷孕</td><td>合格人數</td><td>79</td></tr>
<tr><td colspan="3">痼疾傷病</td><td>合格率</td><td>100%</td></tr>
<tr><td colspan="3">婚喪假</td><td rowspan="3">3,000
公尺
跑步</td><td>受測人數</td><td>79</td></tr>
<tr><td colspan="3">住院</td><td>合格人數</td><td>64</td></tr>
<tr><td colspan="2">替代項目
（亦可列入測驗）</td><td>5</td><td>合格率</td><td>81%</td></tr>
<tr><td colspan="2">招募</td><td>3</td><td rowspan="3">(B)
（不列入
免測數）</td><td rowspan="3">替代項目</td><td>800
公尺
遊走</td><td>受測人數</td><td></td></tr>
<tr><td colspan="2">受訓、支援</td><td>6</td><td>合格人數</td><td></td></tr>
<tr><td colspan="2">居退</td><td></td><td>合格率</td><td></td></tr>
<tr><td colspan="4">應測人數
【餉冊人數(A)-免測人數(B)】</td><td>84 (C)</td><td rowspan="3">5 公
里健
走</td><td>受測人數</td><td>5</td></tr>
<tr><td colspan="4" rowspan="2">實測人數
【應測人數(C)-事故人數(B)】</td><td rowspan="2">84 (E)</td><td>合格人數</td><td>5</td></tr>
<tr><td>合格率</td><td>100%</td></tr>
<tr><td colspan="4">到測率
【實測人數(E)-應測人數(C)】</td><td>88%</td><td rowspan="3">5 分
鐘跳
繩</td><td>受測人數</td><td></td></tr>
<tr><td colspan="4" rowspan="2">替代項目人數
（佔應測人數 %）</td><td rowspan="2">5%</td><td>合格人數</td><td></td></tr>
<tr><td>合格率</td><td></td></tr>
<tr><td colspan="4">全項合格人數</td><td>69%</td><td rowspan="3">合格</td><td>受測人數</td><td>84</td></tr>
<tr><td colspan="4" rowspan="2">鑑測合格人數
（全項合格人數除以實測人數）</td><td rowspan="2">82.1%</td><td>合格人數</td><td>69</td></tr>
<tr><td>合格率</td><td>82.1%</td></tr>
<tr><td colspan="8" align="center">鑑測總成績：82.1 分
（BMI ≧ 男 31 女 26 者，每 1 人扣單位總成績 1%）</td></tr>
</table>

1. 施測人數：共 84 人
2. 體能測驗結果：在每月施測三項體能鑑測時依人工方式進行測驗，由體幹師資在場進行測驗，合格成績依據「國防部頒國軍體能訓測實施計畫」，全軍三項基本體能鑑測合格率目標為 85%。3 月份該連體能測驗未達 85% 合格率。

(二) 第二次體能測驗

1. 創意改善方案實施時間：2021 年 3 月 8 日至 4 月 8 日。
2. 寫作時間：2021 年 4 月 8 日。
3. 體能測驗：依據「國防部頒國軍體能訓測實施計畫」，全軍三項基本體能鑑測合格率目標為 85%。因第一次體能測驗 3 月份體能測驗成績為 82.1%，體能訓練結果顯示官兵體能訓練成效未達成標準，代表師資的「訓練」與輔訓人員的「跑步」成效不佳，所以官兵訓練效果不好，因此師資幹部們與研究者討論後將體能訓練方式做改善，再次對官兵進行體能訓練。
4. 施測人數：共 81 人
5. 創意改善方案實施過程簡述，如下表 7.20 所示：

表 7.20　第二次體能訓練創意改善方案實施過程

日期	創意改善方案	創意改善方案實施過程
2021/03/08~ 2021/03/011	方案 2：幹部陪同跑步以鼓勵加油打氣方式。 方案 5：熱誠的幹部找輔訓人員一起去跑步。	在體能訓練集合完後，分成兩區塊一區塊為自組訓練（可以找同伴一起跑步）、另一區塊為帶隊跑步。
2021/03/15~ 2021/03/18	方案 7：體幹師資變換輔訓方式。 方案 10：營上舉辦一些體能競賽，讓官兵能在連隊的團隊合作提升向心力。	帶隊師資將一週操課內容說明給官兵聽，星期一做核心運動項目，星期二、四做間歇跑步，在星期三（3/17）時營上舉辦壘球活動。
2021/03/22~ 2021/03/25	方案 6：藉跑步訓練來加強肺活量。 方案 9：透過連長視導輔訓人員狀況，關心輔訓人員並給予鼓勵。	在體能活動時，帶隊跑步跑約 5 公里的慢跑。透過幹部開會時，將體能訓練說明狀況
2021/03/29~ 2021/04/1	方案 2：幹部陪同跑步以鼓勵加油打氣方式。 方案 5：熱誠的幹部找輔訓人員一起去跑步。 方案 3：官兵之間有好的訓練方法互相分享。 方案 4：鼓勵自主訓練跑步	在體能訓練集合完後，分成兩區塊一區塊為自組訓練（可以找同伴一起跑步）、另一區塊為帶隊跑步。在體能訓練集合完後，讓大家自主運動，利用運動完後官兵互相分享經驗。
2021/04/07~ 2021/04/08	方案 1：以輔訓方式激發體能合格率提升。 方案 8：提升各排組的體能合格率，共同為連隊爭取榮譽。 方案 11：每個月的施測三項體能，應在平時體能活動時要求訓練。	這兩天為施測三項體能訓練，成果如表 7.21 所示

6. 第二次體能訓練三項體能鑑測總成績如表 7.21。

表 7.21　第二次體能訓練三項體能鑑測總成績

裝甲 AAA 旅 BBB 營營部連 110 年 4 月份駐地體能鑑測成績冊						
全連人數		91 (A)	仰臥起坐		受測人數	80
BMI	男 ≥ 31	（不列入免測數）			合格人數	80
	女 ≥ 26				合格率	100%
事故人數	因公受傷		俯地挺身		受測人數	80
	懷孕				合格人數	80
	痼疾傷病	(D) （不列入免測數）			合格率	100%
	婚喪假		3,000 公尺跑步		受測人數	78
	住院				合格人數	69
	替代項目（亦可列入測驗） 2				合格率	88.4%
	招募 3	11 (B) （不列入免測數）	替代項目	800公尺游走	受測人數	
	受訓、支援 8				合格人數	
	居退				合格率	
應測人數 【餉冊人數 (A)- 免測人數 (B)】		80 (C)		5公里健走	受測人數	2
					合格人數	2
實測人數 【應測人數 (C)- 事故人數 (B)】		80 (E)			合格率	100%
				5分鐘跳繩	受測人數	
到測率 【實測人數 (E)- 應測人數 (C)】		100%			合格人數	
					合格率	
替代項目人數 （佔應測人數%）		2 人 %	合格		受測人數	80
全項合格人數		71			合格人數	71
鑑測合格人數 （全項合格人數除以實測人數）		88.7%			合格率	88.7%
鑑測總成績：88.7 分 （BMI ≥ 男 31 女 26 者，每 1 人扣單位總成績 1%）						

7. 由第一次與第二次鑑測總成績比較結果：如圖 7.6 所示。

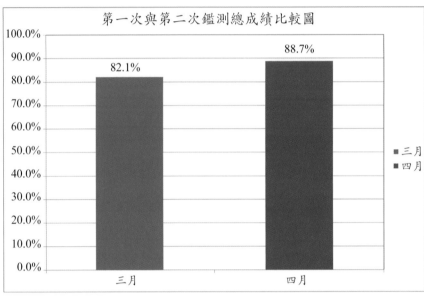

圖 7.6　第一次與第二次鑑測總成績比較圖

　　從第一次與第二次鑑測總成績比較圖來看，第一次鑑測總成績
未達體能合格率 85%，也就是師資幹部的體能訓練並未讓官兵體能
訓練成效達到標準，而在實施創新教學方案後的第二次鑑測總成績，
官兵體能測驗合格率上升至 88.7% 合格率上升 6.6%（為 88.7% 減去
82.1%），上升比例 8%（6.6% 除 82.1%）呈上升趨勢，因此研究者認
為創新教學方案對官兵體能訓練方法的提升是有效的。

（三）第三次體能測驗

1. 創意改善方案實施時間：2021 年 4 月 12 日至 5 月 6 日。
2. 寫作時間：2021 年 5 月 6 日。
3. 第二次體能測驗以達到三項基本體能鑑測合格率目標為 85%，第二次鑑測總成績為 88.7% 合格率，研究者將進行上表 7.20 創意改善方案進行第二次實施過程，再次對官兵進行體能訓練。
4. 施測人數：共 81 人
5. 創意改善方案實施過程簡述，如下表 7.22 所示。
6. 第三次體能訓練三項體能鑑測總成績如表 7.23。
7. 由第二次與第三次鑑測總成績比較結果：如圖 7.7 所示。

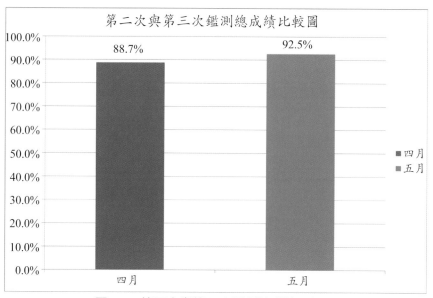

圖 7.7　第二次與第三次鑑測總成績比較圖

表 7.22　第三次體能訓練創意改善方案實施過程

日期	創意改善方案	創意改善方案實施過程
2021/04/12~ 2021/04/15	方案 2：幹部陪同跑步以鼓勵加油打氣方式。 方案 5：熱誠的幹部找輔訓人員一起去跑步。	在體能訓練集合完後，再將身體暖開後，分成兩區塊一區塊為自組訓練（可以找同伴一起跑步）、另一區塊為帶隊跑步。
2021/04/19~ 2021/04/22	方案 7：體幹師資變換輔訓方式。 方案 10：營上舉辦一些體能競賽，讓官兵能在連隊的團隊合作提升向心力。	帶隊師資將一週操課內容說明給官兵聽，星期一做核心運動項目，星期二、三做間歇跑步，在星期四（4/21）時營上舉辦躲避球活動。
2021/04/26~ 2021/04/29	方案 2：幹部陪同跑步以鼓勵加油打氣方式。 方案 5：熱誠的幹部找輔訓人員一起去跑步。 方案 6：藉跑步訓練來加強肺活量。 方案 9：透過連長視導輔訓人員狀況，關心輔訓人員並給予鼓勵。方案 3：官兵之間有好的訓練方法互相分享。 方案 4：鼓勵自主訓練跑步	在體能活動時，星期一、二帶隊跑步跑約 5 公里的慢跑，星期三、四在體能訓練集合完後，再將身體暖開後，分成兩區塊一區塊為自組訓練（可以找同伴一起跑步）、另一區塊為帶隊跑步。在體能訓練集合完後，讓大家自主運動，利用運動完後官兵互相分享經驗。透過幹部開會時，將體能訓練說明狀況。
2021/05/05~ 2021/05/06	方案 1：以輔訓方式激發體能合格率提升。 方案 8：提升各排組的體能合格率，共同為連隊爭取榮譽。 方案 11：每個月的施測三項體能，應在平時體能活動時要求訓練。	這兩天為施測三項體能訓練，成果如表7.23所示。

表 7.23　第三次體能三項體能鑑測總成績

<table>
<tr><td colspan="9" align="center">裝甲 AAA 旅 BBB 營營部連
110 年 5 月份駐地體能鑑測成績冊</td></tr>
<tr><td colspan="4" align="center">全連人數</td><td align="center">90 (A)</td><td rowspan="3" align="center">仰臥
起坐</td><td>受測人數</td><td colspan="2">81</td></tr>
<tr><td rowspan="2">BMI</td><td>男</td><td rowspan="2">≧</td><td>31</td><td rowspan="2" align="center">（不列入
免測數）</td><td>合格人數</td><td colspan="2">81</td></tr>
<tr><td>女</td><td>26</td><td>合格率</td><td colspan="2">100%</td></tr>
<tr><td rowspan="9">事故人數</td><td colspan="3" align="center">因公受傷</td><td rowspan="6" align="center">（不列入
免測數）</td><td rowspan="3" align="center">俯地
挺身</td><td>受測人數</td><td colspan="2">81</td></tr>
<tr><td colspan="3" align="center">懷孕</td><td>合格人數</td><td colspan="2">81</td></tr>
<tr><td colspan="3" align="center">痼疾傷病</td><td>合格率</td><td colspan="2">100%</td></tr>
<tr><td colspan="3" align="center">婚喪假</td><td rowspan="3" align="center">3,000
公尺跑步</td><td>受測人數</td><td colspan="2">79</td></tr>
<tr><td colspan="3" align="center">住院</td><td>合格人數</td><td colspan="2">73</td></tr>
<tr><td colspan="2" align="center">替代項目
（亦可列入測驗）</td><td>2</td><td>合格率</td><td colspan="2">92.4</td></tr>
<tr><td colspan="2" align="center">招募</td><td>3</td><td rowspan="3" align="center">（不列入
免測數）</td><td rowspan="9" align="center">替代項目</td><td rowspan="3" align="center">8 0 0
公尺
游走</td><td>受測人數</td><td></td></tr>
<tr><td colspan="2" align="center">受訓、支援</td><td>6</td><td>合格人數</td><td></td></tr>
<tr><td colspan="2" align="center">屆退</td><td></td><td>合格率</td><td></td></tr>
<tr><td colspan="4" align="center">應測人數
【錄冊人數 (A)- 免測人數 (B)】</td><td align="center">81</td><td rowspan="3" align="center">5 公
里健
走</td><td>受測人數</td><td>2</td></tr>
<tr><td colspan="4" align="center">實測人數
【應測人數 (C)- 事故人數 (B)】</td><td align="center">81</td><td>合格人數</td><td>2</td></tr>
<tr><td colspan="4" align="center">到測率
【實測人數 (E)- 應測人數 (C)】</td><td align="center">100% (E)</td><td>合格率</td><td>100%</td></tr>
<tr><td colspan="4" align="center">替代項目人數
（佔應測人數 %）</td><td align="center">2 人
%</td><td rowspan="3" align="center">5 分
鐘跳
繩</td><td>受測人數</td><td></td></tr>
<tr><td></td><td>合格人數</td><td></td></tr>
<tr><td></td><td>合格率</td><td></td></tr>
<tr><td colspan="4" align="center">替代項目人數
（佔應測人數 %）</td><td align="center">2 人
%</td><td rowspan="3" align="center">合格</td><td>受測人數</td><td>81</td></tr>
<tr><td colspan="4" align="center">全項合格人數</td><td align="center">75</td><td>合格人數</td><td>75</td></tr>
<tr><td colspan="4" align="center">鑑測合格人數
（全項合格人數除以實測人數）</td><td align="center">92.5%</td><td>合格率</td><td>92.5%</td></tr>
<tr><td colspan="9" align="center">鑑測總成績：92.5 分
（BMI ≧ 男 31 女 26 者，每 1 人扣單位總成績 1%）</td></tr>
</table>

　　第三次鑑測總成績相較於第二次的鑑測總成績上升 3.8%（為 92.5% 減去 88.7%），上升比例 4.3%（3.8% 除 88.7%）亦呈現上升趨勢，表示官兵的體能訓練方法已達到穩定的合格率，也就是在創新教學方案的訓練下，多數官兵的體能成效更為提升。

7.6 小結（莫忘初心：解決問題）

　　經由點子評估和篩選的過程與具體步驟，可以將所構想出許多解決問題的點子方案，評選出最佳點子方案的順序，讓研究者能從最佳的點子方案開始執行，使成功解決問題的機會較大。最後經過分析問題、產生創意點子方案、選出最佳的點子方案，如果就此停止了，前面所有花費的許多精力，都無用武之地，十分的可惜！因此要盡可能的實施你所選出的最佳方案。

　　在此以簡單的口訣來幫助讀者記憶順序：

粗選點子 ABC

決定標準來選擇

決定權重分輕重

每個點子給分數

每個點子算總分

依照總分排名次

依照名次去執行

7.7 實作演練

1. 什麼是多準則決策矩陣？
2. 什麼是估計所需準備時間？
3. 什麼是 ABC 過濾法？
4. 請說明一些常用的評估標準。
5. 請說明輔助進行最佳方案的工具。

進階題

1. 請模仿 7.1 節「7.1 點子評估和篩選的基本觀念」改善某超商尖峰時間服務品質與收益、改善某理髮部服務品質與收益兩個案例的方式，建立自己研究主題的 ABC 過濾法、多準則決策矩陣、點子實施估計準備時間、點子篩選圖，選出最佳方案。建議與第 3 章問題觀點圖、第 4 章創新問題情境問卷、第 5 章根源矛盾分析、第 6 章矛盾矩陣與發明原理所做的主題一樣，可以彙集成為比較完整的成果。

2. 請模仿 7.5 節「點子實施與成果驗證」議論文寫作、體能訓練兩個案例的方式，建立自己研究主題的點子實施與成果驗證。建議與第 3 章問題觀點圖、第 4 章創新問題情境問卷、第 5 章根源矛盾分析、第 6 章矛盾矩陣與發明原理、進階題第 1 部份所做的主題一樣，可以彙集成為比較完整的成果。

參考文獻

1. Valeri Souchkov. (2015) Innovative Problem Solving with TRIZ for Business and Management, Training Course material, The Society of Systematic Innovation.

2. Valeri Souchkov. (2017). TRIZ and Systematic Innovation: Techniques and References for Business and Management, ICG Training & Consulting, Enschede, The Netherlands

3. 王行湧（2023），運用商業管理萃思改善北部個案軍事部隊理髮部服務品質，明新科技大學企業管理系管理碩士班，碩士論文。

4. 詹姆斯‧克利爾著，蔡世偉譯（2019），原子習慣：細微改變帶來巨大成就的實證法則，方智出版社。

5. 劉雅慧（2021），運用商業管理 TRIZ 改善湖口地區某裝甲部隊之體能輔訓方案，明新科技大學管理研究所，碩士論文。

6. 蔡欣怡（2021），以商業管理 TRIZ 提升國小高年級生議論文寫作成效—以新竹市某國小為例，明新科技大學管理研究所，碩士論文。

第三篇 商業管理發明原理

　　商業管理發明原理是由 G. Altshuller 最初開發的 40 個萃思發明
原理的擴展版本，後來被用於解決商業和管理方面的問題。文件中
的一些發明原理標題和敘述與萃思和系統創新文獻的原始標題和敘
述已經過修改。子原理的數量和形式也可能不同。這裡是依照 Valeri
Souchkov 2017 年提供之材料翻譯整理而來，並局部增加一些案例。
40 個萃思發明原理的名稱如下表所示，其中某些名稱經過我做修
改，使更符合方法的內涵：

表 8.1　40 個萃思發明原理的名稱

1. 分割	11. 事先補償／預防	21. 快速行動	31. 孔洞和網路
2. 取出／分離	12. 消除緊張	22. 轉有害為有利	32. 改變外觀／可見度
3. 改變局部特性	13. 另一方向／反向操作	23. 回饋	33. 同質性
4. 非對稱性	14. 非直線性	24. 中介物／媒介	34. 丟棄與恢復
5. 合併／整合	15. 動態化	25. 自助／自我服務	35. 改變特性
6. 多用性／多功能	16. 稍微少些或多些（的動作）	26. 使用複製品或模型	36. 模範轉移
7. 套疊／巢狀結構	17. 另外維度／空間	27. 廉價與短期〔拋棄式〕	37. 相對變化
8. 反制行動	18. 共鳴（協調）	28. 替換系統運作原理／使用其他原理	38. 增強的環境
9. 預先反制行動	19. 週期行動	29. 流動性和靈活性	39. 鈍性（惰性）環境
10. 預先行動	20. 連續的有利作用	30. 改變邊界條件	40. 組合（複合）結構

　　因爲 40 個萃思發明原理的數量比較多，第一次接觸的讀者在一章中學習全部有可能比較困難，因此，我參考高木芳德（2018）將 40 個發明原理分爲三類的方式也分爲三類。高木芳德的第一類爲「構想類」：不局限於特定的對象，能廣泛應用的發明原理；第二類爲「技巧類」：能普遍適用於系統的發明原理；第三類爲「物質類」：具體性強，能立即發揮功效的發明原理。因爲本書是商業管理類發明原理第三類爲「物質類」之名稱不適合，因此我修改爲第三類爲「對象類」（系統類），與高木芳德原本的精神差不多，但是更廣義，更適合商業管理類發明原理。以下三類爲我對商業管理類發明原理的分類與說明，是參考高木芳德的內容，修改爲適合商業管理類發明原理之情況。

一、「原則類」發明原理

　　第一類爲「原則類」：不局限於特定的對象，能廣泛應用的發明原理。由受到具體「事／物」限制最少的發明原理集合而成的構想方式類，爲第 1-12 個發明原理。例如：當你需要整頓複雜的狀況，或者說是矛盾情況，也就是在解決若是一邊成立，另一邊就無法成立的狀態時，要能產生功效，就要分開來思考。這時候「分割」可以說是最具通用性的發明原理。

二、「操作類」發明原理

　　第二類爲「操作類」：能普遍適用於系統內的發明原理。操作類

是對應設計系統時實際操作的步驟，爲第 13-28 個發明原理。此處的系統是指：「爲了某個目的，由要素或輔助系統所組成之事物」。建構系統的第一個步驟，首先要做出能確保實踐「系統主要目的」的設計。也就是說，系統的輸出要依據成果或產出的對象做調整。

三、「對象類」發明原理

第三類爲「對象類」：具體性強，能立即發揮功效的發明原理。隨著發明原理的號碼逐漸增加，內容也從抽象的概念轉移至具體的方法。自第 29 個發明原理開始的對象類發明原理，則是又更加具體、細分化的發明原理。

將 40 個發明原理分爲三類，主要是爲減少讀者一次接觸太多知識點難以消化，分類並未經過嚴謹的驗證，「原則類」也可以具有操作性，「操作類」也可是有運用對象，「對象類」也可以具有原則性，讀者不必拘泥於分類的名稱。

參考文獻：

高木芳德著，李雅茹譯（2018），創意不足？用 TRIZ40 則發明原理幫您解決！，五南圖書出版公司，ISBN：978-957-11-9984-9

第八章　「原則類」發明原理（第 1-12 個）

8.1 編號 1 分割（SEGMENTATION）

一、子原理（策略和建議）

　　分割是這個發明原理的整體概念，至於要如何做分割？做分割的做法（或者稱爲執行措施、策略、建議）在這裡稱爲子原理。以下介紹分割的子原理。

1. 分割對象成小組件：將系統或標的對象分割成獨立或相互連結的小組件。

2. 分割對象成容易分離與組合的小組件：將系統或標的對象分割成小組件，以便在必要之時可以輕易將其中之小組件作分離，分離後也容易組合回來。

3. 使對象由小元素組成：系統或標的對象是由較小的元素組裝而成的。

4. 使對象由較小且多樣化的次系統組成：系統是由一些較小且多樣化的次系統所構成，因而提高了系統分割上的程度。

5. 分割流程或行動成小組件：打破流程或行動來產生較小的組成原件。

6. 增加系統或流程分割程度：提高同質系統或流程的分割程度。

7. 增加分割間的差異性。

二、案例（實施的情況）

　　有做法（子原理）後，能看到實際運用分割做法的案例，可以啓發讀者更容易構思自己如何運用這些做法。以下介紹分割的案例。

1. 分割部門：將企業中較大的部門分割爲許多較小的單位。

2. 分割計畫：將計畫分割成許多較小的部分有助於整體項目執行及期限上的掌控。

3. 分割評估項目：評估一個複雜的活動是藉由許多不同的參數以保持整體績效平衡

4. 分割評價標準：將評價標準打破爲較小的部分。

5. 提供可選擇部件：企業提供許多相關的可選擇部件。

6. 授權：做決定權力的分割。

7. 分割大餐廳：大餐廳分解成較小的連鎖店，使其有如家一般的舒適感。

8. 分割大量廣告：與其將大的廣告刊登於固定雜誌，更有效的方式是用許多小廣告存在於不同型態雜誌中。

9. 市場區隔：根據人口統計學、社會統計學、心理學、生活方式等進行市場區隔（市場劃分）（劃分出小範圍利基市場）。

10.不同組合的最終產品和服務：將相同組成因素構建出不同型態的最終產品和服務。

11. 在「創新機會辨識」課程中，由於越南學生呈現出理解速度較慢，於是教師將原本的一節課內容，切割為兩節課講授與練習，讓越南學生能跟上進度。（這是我的親身經歷）

8.2 編號 2 取出／分離（TAKING AWAY）

一、子原理（策略和建議）

以下介紹取出／分離的子原理。

1. 分離系統或流程中干擾部分：如果系統或流程的某些部份會干擾其他部分或產生負面影響，運用移除或分離的方式從系統或流程中分離干擾部分。

2. 分離系統中的干擾特性：如果系統中某些特性干擾其他功能或系統的特性，找出哪項系統的元件是特性的載體，並將該載體的特性轉移到系統的其他部分或另創建的一個系統來分離干擾特性。

3. 取出你所需要的特性創建新系統或流程：選出原系統或流程中你所需要的特性，創建另一個系統或流程僅擁有你所需要的特性。

二、案例（實施的情況）

以下介紹取出／分離的案例。

1. 將具危險的製造單位撤到城市外。
2. 將生產與研發活動分開。
3. 將生產與維修分開。

4. 外包商業流程的衝突元件：將商業流程發生衝突的元件分離，且將該業務外包。

5. 商業系統和商業流程的非核心作業外包。

6. 帶商品到客戶旁販賣：藉著將商品帶到客戶周邊去販賣，提高銷售量。

7. 客戶能去除產品中非必要部分才買：讓客戶購買前可以移除產品中，他們非必要的部分。

8. 透過空間或時間分離商業系統或流程元件產生緊張的部分。

9. 遠距教學。

10. 在家中工作。

11. 精實生產

12. 使用作業基礎成本法（Activity-Based Costing）替代分配成本法（allocation cost accounting）計算。

13. 建立許多新公司，每個公司都推銷和銷售一個單一品牌。

14. 摘取課程最重要的知識點，製作微課程。微課程是**時間簡短、目標明確**的教學活動。通常微課程的時間長度大約是 5 至 10 **分鐘**，最長也不會超過 30 分鐘。每堂課都應該聚焦於**一個重點新知或技能**。

8.3 編號 3 改變局部特性（LOCAL QUALITY）

一、子原理（策略和建議）

　　以下介紹改變局部特性的子原理。

1. 分離系統或流程中干擾部分：如果系統或流程的某些部份會干擾其他部分或產生負面影響，運用移除或分離的方式從系統或流程中分離干擾部分。

2. 分離系統中的干擾特性：如果系統中某些特性干擾其他功能或系統的特性，找出哪項系統的元件是特性的載體，並將該載體的特性轉移到系統的其他部分或另創建的一個系統來分離干擾特性。

3. 取出你所需要的特性創建新系統或流程：選出原系統或流程中你所需要的特性，創建另一個系統或流程僅擁有你所需要的特性。

4. 用非均勻結構體替代均勻性的結構體：使用非均勻性的系統或組件的結構（組成體），而不是運用均勻性的系統或組件的結構。

5. 用非均勻結構組成方式替代均勻性的結構組成方式：使用不均勻的流程結構（組成方式），而不是運用均勻的流程結構。

6. 引起問題流程部分的時間或空間：對引起問題的流程部分，施以時間或空間的改變。

7. 用非均勻環境結構替代均勻性的環境結構：使用非一致性的環境結構，而不是運用一致性的環境結構。均勻指特性在空間上沒有變化。例如：整個室內空調開 26℃，則室內特性「溫度」在空間上是均勻的。若室內有的位置是 25℃，有的位置 26℃，有的位置

27℃，讓人可以自由選擇座位，則室內「溫度」在空間上是不去均勻的。

8. 將系統分割解決不同的功能必須在相同的系統執行所產生的問題：如果兩個或（兩個以上）不同的功能必須在相同的系統被執行，會產生一些問題，將這個系統分割成兩個（或更多）部分。

9. 讓系統各元件和環境功能在更合適的條件下發揮作用：使系統的各個部份的元件和環境功能在更合適的條件下發揮作用。

10.使流程和環境功能的活動，最適和各自進行不同活動的條件。

二、案例（實施的情況）

以下介紹改變局部特性的案例。

1. 特許速食店可推出在地化餐點。.

2. 工廠位置與配銷中心位於接近客戶的位置。

3. 類似的產品放在一起使易尋找：為了改善百貨公司內的產品不易尋找的問題，將類似的產品放在一起。

4. 跨時區專案，工作時間配合國際不同時區做調整。

5. 雇用當地員工以獲得當地客戶的文化思維。

6. 卓越中心中的專業員工。

7. 餐廳中設置兒童遊戲區。

8. 根據員工的心理和人體工學需求來設計員工的工作場所。

9. 不同領域專家來幫客服正確回答客戶問題：使用不同領域的幾位專家來正確回答客戶的問題，而非只有一位客服人員。

10.同一網站的頁面，根據內容主題改變頁面風格和顏色。

11.咖啡廳有溫暖放鬆的裝潢。

12.邀請專家協助相關的專案階段。

13.在「創新服務品質」課程中，某些學生學習速度較快，作業也較快繳交，某些學生學習速度較慢，作業也較慢繳交，於是教師將原本所有學生都繳交一樣作業的情況做變更：第 3 個作業到第 8 個作業中，第 4,6,8 個作業是全體學生要繳交的，是比較基本一定需要學到的內容；第 3,5,7 個作業是學生可以選擇要不要繳交的，是比較稍微進階的內容，讓學生能有選擇權，不都做一樣的規定。（這是我的親身經歷）

8.4 編號 4 非對稱性（ASYMMETRY）

一、子原理（策略和建議）

以下介紹非對稱性的子原理。

1. 將對稱的結構或形狀改爲不對稱的：如果系統是對稱的結構或形狀，考慮將該系統改爲不對稱的。

2. 如果系統是不對稱的，增加該系統不對稱的程度。

3. 根據操作的狀況動改變不對稱性的程度。

4. 根據操作的狀況和需求效果，在流程中增加或減少不對稱性的程度。

二、案例（實施的情況）

以下介紹非對稱性的案例。

1. 不同部門給予不同預算，而非給予所有部門相同比例的預算金額。

2. 在「客戶 - 供應商」的關係中更注重客戶。

3. 與互補性的組織進行合作。

4. 本田公司的 4M 策略：乘客享受最大空間，設備佔用最小空間的產品設計理念。

5. 不對稱形狀的廣告版，比較容易吸引大家的目光。

6. 不對稱形狀的辦公桌，可依使用者需求和舒適度做調整。

7. 根據不同的商業週期，提出動態不對稱性程度改變的商業流程。

8. 不對稱性的問卷：僅須回答有相關性的問題。

9. 運用不對稱性的方法展示網頁內容，以抓取客戶的目光。

10.教師對於比較積極有潛力的學生，給於額外的作業與指導，不是所有學生都一樣培育。所以有不少學生發表論文得獎、國際創新競賽得獎，甚至有學生得到「技職之光」的技職傑出獎。（這是我的親身經歷）

8.5 編號 5 合併 / 整合（MERGING）

一、子原理（策略和建議）

以下介紹合併 / 整合的子原理。

1. 空間上合併相同（或相似）的系統區塊或元素。

2. 時間上合併相同（或相似）的系統區塊或元素。

3. 合併兩個或兩個以上的系統達到協同的效用。

4. 合併兩個或兩個以上的系統來提高效率或節省空間、時間、能源或任何其他資源。

5. 合併兩個或兩個以上不同流程，變成一個單一流程。

6. 將活動從一個流程轉換到另一個流程。

二、案例（實施的情況）

以下介紹合併／整合的案例。

1. 各種小商店都合併到商場。

2. 能跨行運作的自動櫃員機。

3. 銀行等金融機構，提供顧客全面性金融服務套組。例如：現金、存款、貸款、退休基金等在一套組理財方案。

4. 為了在未知領域運營，兩家提供類似服務但在不同國家的公司之間建立了合資企業。

5. 展覽常與會議相同的時間一併舉行。

6. 幾家公司，在其他國家，共同創建一個物流中心。

7. 日本 Suica 卡又名「西瓜卡」，整合許多票卡，交通上可搭地鐵及公車，其他時候可當儲值卡或電子貨幣使用。

8. 東京將光纖網路線纜設置在現有的水管中，無需額外的地面施工和節省空間。

9. iPod：結合MP3撥放器和iTunes線上服務，確保了市場上的成功。

10. 處理兩個潛在候選人，在某些領域強大而其他領域能力不足的情況下，決定讓這兩名候選人分擔基本的工作職能。

11. 「創新服務品質」課程是教師將原本「設計思考」課程與「商業管理創新」課程合併的課程，去除比較不重要的單元。（這是我的親身經歷）

8.6 編號 6 多用性／多功能（UNIVERSALITY）

一、子原理（策略和建議）

以下介紹多用性／多功能的子原理。

1. 整併提供不同功能的物件或系統：如果你有許多物件或系統提供不同的功能，可考慮創建一個新的、單一的多功能系統，該系統可達成這些功能，從而不需要擁有多個不同的系統。

2. 整併提供不同功能的流程：如果你已經有數個提供不同功能的流程，可考慮創建一個可以提供多種功能的單一流程。

* 多用性是讓一物增加功能。合併是整合產生好處。方向不同，有可能產生類似結果。

二、案例（實施的情況）

以下介紹多用性／多功能的案例。

1. 多技能的員工（多能工）。

2. 雇用一位同時具備技術與商業能力的人才。

3.「一站式購物」：加油站出售燃料，保險，能源，食品等。

4.「總體績效計分卡」：它將許多不同的參數聯繫起來，以衡量和改善個人和組織的短期和長期潛力。

5. 合併兩個分開且需要相同資源的流程區塊。

6. 福利店：提供飲食諮詢服務的食品超級市場。

7. 媒體中心的個人電腦，除了提供電腦標準的功能外，又有各種聽覺與影視功能。

8. Ebay：拍賣任何東西。

9. 將沙發轉變為床。

10.箱型車除了可以容納座位外，又可提供睡覺和搭載貨物的空間。

11.教師將課程重點，做成金句、口訣卡片，可以拿來當課程重點複習的提示、分組討論的主題，也能當作給學生的小禮物。（這是我的親身經歷）

8.7 編號 7 套疊／巢狀結構（NESTING）

一、子原理（策略和建議）

以下介紹套疊／巢狀結構的子原理。

1. 把一個物件或系統放入另一個系統裡面。

2. 增加系統／物件的一些層次。

3. 使一個系統在必要時成為另一個系統的一部分，當需要時再次分離系統。

4. 在現有流程中引入新流程。

5. 增加一些套疊的流程。

6. 使流程活動在需要時出現，並在不需要時消失。

二、案例（實施的情況）

以下介紹套疊／巢狀結構的案例。

1. 店中店。

2. 組織內的利潤中心。

3. 員工需求階層：例如：基本、環境、單一個體、複雜個體、超越前面的各個階層。

4. 在推出新產品時，應針對客戶的需求層次。

5. 公司內的公司。

6. 活動中的活動。

7. 巢狀結構的專案團隊。

8. 使內部員工接觸外部事件／客戶。

9. 將小事件（例如：工作坊、圓桌會議）套入較大的事件中（例如：研討會）。

10.將具有獨立功能的不同軟件模組放到一個套裝軟體當中。

11.在完成一個流程後，就應進行整體品質檢查，而不是在整個流程完成後才做完整的檢查。

12.在「設計思考」課程中安排學生參觀系統創新中心。（這是我的親身經歷）

8.8 編號 8 反制行動（COUNTER ACTION）

一、子原理（策略和建議）

以下介紹反制行動的子原理。

1. 在系統或流程加入反向行動消除負面影響：如果系統或流程的某個行動會造成負面影響，但是這個行動必須被保留下來，在系統或流程加入「反作用力」，以反向行動消除負面影響。

2. 將系統或流程分割成數個部分，使產生負面影響的非期望行為和期望的行動相互抵銷。

3. 使用環境本身產生這種對立或互補力量的方法，改變系統環境。

4. 合併兩個相反功能（行動）的系統或流程。

二、案例（實施的情況）

以下介紹反制行動的案例。

1. 在討論團隊中，安排擁有不同人格特質的人，甚至背景對立的成員，以提升多元性來減少錯失批評意見的機會。

2. 討論時的挑釁問題。

3. 產生跳脫思維框架的新想法。

4. 發展正面和負面的預測報告

5. 協助組織提升風險管理。

6. 兩家公司合併時，較強勢的公司會使另一家公司在某些方面得到提升。（例如：配銷系統、行銷、方法或資本等）。

7. 與熱銷商品結合，使公司提升銷量不佳的產品的銷售量。（例如電影搭售其他產品／服務）

8. 在超級市場中利用較有利潤產品以補償其他低利潤的產品。

9. 一家同時提供建造和拆遷服務的公司。

10. 一家同時進行買書和賣書的書店。

11. 同時雇用高成本和低成本的人才，而非一般成本的。

12. 為了處理性騷擾暨性侵害相關事宜，學校設立性騷擾暨性侵害申訴評議委員會。（我擔任過委員）

8.9 編號 9 預先反制行動（PRIOR ANTI- ACTION）

一、子原理（策略和建議）

以下介紹預先反制行動的子原理：

預先思考當某些系統產生負面影響時能消除負面影響：如果您的系統或超系統（周遭環境的元素）受某些同時產生正面和負面影響的系統影響，思考系統可能的對應活動，當負面影響產生時，使他將能彌補或消除負面影響。

二、案例（實施的情況）

以下介紹預先反制行動的案例。

1. 利用客戶試驗／區隔的方法推出（高風險）的新產品。例如，電影公司為一部電影製作多個結局，最後依不同觀眾的試驗結果選

出最合適的結局。

2. 巧妙安排的負面評論可以引發客戶對新產品的興趣。

3. 錯誤模式和效應分析（和相似的技術）有助於防止將來出現失誤或意外。

4. 在執行高風險活動前，事先宣布可能的負面影響。

5. 預期失效分析（Anticipatory Failure Determination, AFD）：應先問：「什麼原因使某事物發生錯誤」，而非問「爲什麼某事物會發生錯誤」。

6. 在客戶調查過程中，詢問客戶不希望在新產品中看到什麼？

7. 強迫員工穿戴防護裝備，如鋼頭工作鞋和護目鏡是一種防止傷害的措施。

8. 小兒科診所內先放置有趣受歡迎的漫畫供等待的小朋友觀看，使不會等太久無聊吵鬧。

9. 上課前先說明這個選修課的期中考成績是參加創新競賽，不能接受的同學可以退選，以免後來因懶散沒有報名創新競賽的同學，在教學評量上表示老師不應該強迫大家參加創新競賽。（這是我的親身經歷）

10. 教師拿學生做錯的作業，來說明有哪些常犯的錯誤，以避免後面學生再次犯下同樣錯誤。（這是我的親身經歷）

8.10 編號 10 預先行動（PRIOR ACTION）

一、子原理（策略和建議）

以下介紹預先行動的子原理：

1. 預先做防止系統或流程受到外在有害因素影響的行動：如果你的系統或流程受到外在系統的有害影響，創建初步防衛狀態，防止系統或流程受到這些有害因素的影響。

2. 預先做彌補系統或物件所需要達到變化程度的行動：如果你的系統或流程將在某個時間發生變化，但此變化難以達到需求，應事先執行系統／物件（完全或部分）所需的變化。

3. 預先安排系統或流程活動的不同部分，以便可以在需要的時間和地點被正確的組裝。

二、案例（實施的情況）

以下介紹預先行動的案例。

1. 預售或事先行銷。

2. 構成（客戶）預期的效果。

3. 在開學前銷售開學用具。

4. 企業專業人員必須事先進行培訓一些技能，符合公司長期策略需求。

5. 持股公司結構有助於預防智慧財產破產。

6. 比預期的早宣布會議時間。

7. 適當刺激，促使人們執行一個活動，可能用較複雜的控制系統來控制更為有效。

8. 在向市場推出全新的產品之前，創造潛在客戶對產品價值的認識。

9. 在引入一項新軟體到需配合資料庫運作前，先發展一套樣本參考數據庫。

10. 愛普生產品開發工程師在被允許進行產品開發之前，應先從事銷售與服務人員的工作。

11. 中醫門診時先預約下次門診時間。（這是我的親身經歷）

12. 每次上課前先說明這次課程學習單元與提供課程預習材料，讓同學可以先熟悉上課內容，以達到更好的學習效果。

13. 碩士學生在做碩士論文前，請指導教授先提供論文所需用到研究方法的書單與相關論文，讓學生可以先熟悉論文所需用到研究方法，以達到更好的作論文進度。（這是我的親身經歷）

8.11　編號 11 事先補償／預防（BEFOREHAND CUSHIONING）

一、子原理（策略和建議）

以下介紹事先補償／預防的子原理。

1. 事先建立一些條件／狀態，以消除發生負面影響的機會。

2. 事先建立一些條件／狀態，以便在發生時立即解決負面影響。

3. 事先建立一些條件／狀態，以便立即補償負面影響。

二、案例（實施的情況）

　　以下介紹事先補償／預防的案例。

1. 在新產品發行前先設立服務設施。

2. 退款政策。

3. 透過拆除椅子來縮短會議進行的時間以提高效率。

4. 在合約中加入需仲裁／調解的條款以避免訴訟的風險。

5. 推出高風險的新產品前，讓客戶先試用或對部分區域的客戶發行。

6. 商品貼上充磁性標籤以嚇阻偷竊。

7. 風險管理和突發事件的應變計劃。

8. 備份資料。

9. 提供更多的有關服務資訊，避免誤解。

10. 導入服務保險。

11. 詳細的行動計劃。

12. 在網站上顯示網路地圖和導航系統。

13. 建議與供應商簽訂長期合約。

14. 在服務開始之前先和客戶解釋後續行動。

15. 教師事先在每個小組中安排程度比較好的學生，與程度不好的學生，並且私下請程度好的學生幫助程度不好的學生學習。（這是我的親身經歷）

8.12　編號 12 消除緊張（TENSION REMOVAL）

一、子原理（策略和建議）

以下介紹消除緊張的子原理。

1. 創造狀況來消除或補償系統內或系統與其超系統之間可能發生的緊張。

2. 創造狀況來消除或補償在流程中或流程和超系統間可能發生的緊張。

3. 整合不同的子系統或系統來消除緊張。

4. 引入新的子系統或流程活動來減少可能的緊張。

5. 消除或取代一個會造成緊張的子系統或流程活動。

6. 將流程分解成幾個較小的步驟來消除可能的緊張局勢。

二、案例（實施的情況）

以下介紹消除緊張的案例。

1. 管理者調整自己的陳述至最適合於聽眾。例如員工和主管。

2. 輪調：等級職業輪換以擴展技能。

3. 建立互信的活動

4. 透過組織客戶群體會議，和資訊的提供來提高客戶的忠誠度。

5. 組員之間分配績效獎金（而非由管理者）

6. 力場分析法：分組討論「力量在多方向推動」的說法 - 團隊建設／問題解決技術。

7. 在咖啡廳裡進行工作面試，而非在辦公室裡。

8. 在進行線上購買前，常見問題可以協助釐清很多疑問。

9. 確保不同客戶群的平等處理。

10.聘請第三方獨立調解員來解決衝突。

11.在合約中增加「通過」與「未通過」或「執行」與「不執行」的條款。

12.教師事先在準備有趣短片，在每個知識點講解、舉例之後，播放有趣短片，讓學生能適度放鬆一下。（這是我的親身經歷）

8.13　小結

　　經由商業管理發明原理的做法與案例，可以幫讀者更容易構想出許多解決問題的點子方案，有許多解決問題的點子方案，才能評選出最佳點子方案的順序，讓研究者能從最佳的點子方案開始執行，使成功解決問題的機會較大。因為 40 個發明原理一次在一章介紹，對讀者可能知識的負擔比較重，所以這章介紹第一類為「原則類」的第1-12 個發明原理。

　　在此以簡單的口訣來幫助讀者記憶順序：

化整為零更靈活

分離需要與不要

變更局部更有用

增減不對稱特性

合併來增效節省

化繁爲簡並多功

套疊物件或流程

反制負面的影響

預先反制負面物

預先安排的行動

事先安排消負面

消除可能的緊張

8.14 實作演練

1. 請簡述作者對商業管理類發明原理的分類與內容。

2. 請問「原則類」發明原理（第 1-12 個）你最喜歡的是哪 3 個？請說明最喜歡這 3 個發明原理的原因。

3. 選你最喜歡的第 1 個發明原理，寫出 2 個自己覺得符合子原理的自己案例，並說明你覺得符合的理由。

4. 選你最喜歡的第 2 個發明原理，寫出 2 個自己覺得符合子原理的自己案例，並說明你覺得符合的理由。

5. 選你最喜歡的第 3 個發明原理，寫出 2 個自己覺得符合子原理的自己案例，並說明你覺得符合的理由。

參考文獻

1. Valeri Souchkov. (2017). Business and Management Systems and Applications: 40 Inventive Principles with Examples, ICG Training & Consulting, Enschede, The Netherlands.

第九章　「操作類」發明原理（第 13-28 個）

　　這裡的商業管理發明原理，是依照 Valeri Souchkov 2017 年提供之材料翻譯整理而來，並局部增加一些案例。

9.1 編號 13 另一方向 / 反向操作（OTHER WAY ROUND）

一、子原理（策略和建議）

　　以下介紹另一方向 / 反向操作的子原理。

1. 考慮執行反向的行動，以達到預期的積極效果。
2. 考慮用具有相反特徵的零件替換系統的部分。例如：「滿的 - 空的」、「白的 - 黑的」等等。
3. 顛倒行動 / 活動的次序。
4. 使系統的非動態部分動態化或固定動態部分。
5. 把系統 / 物件變顛倒。
6. 轉換整個流程或流程的一些步驟。

二、案例（實施的情況）

　　以下介紹另一方向 / 反向操作的案例。

1. 在客戶的所在地進行客戶培訓，而不是在公司／供應商的地點。

2. 網路銀行：在家購買與執行銀行業務。

3. 接駁：不易停車城市的停車換乘計畫。接駁車為接送、載運的車輛；也指在無公車行駛的路線，於若干地點往來接送乘客的汽車。如機場接駁車、掃墓接駁車。

4. 到府汽車服務：汽車服務是機械師來找你，而非你自己到維修廠。

5. 行動圖書館：將書本送達你家門口。

6. 另類新豪車廣告。豪華汽車，簡稱豪車，指的是裝備先進豪華、名貴及價格高昂的汽車，是經濟型車的相對。汽車廣告標語吸引許多富豪購買車子：「勞斯萊斯是世界上最昂貴的非經濟型汽車」。

7. 另類新豪宅廣告。莫斯科新豪宅的廣告宣傳：「您不是通過購買這棟房子來節省開支，而是投資於您的未來和您的獨家經營權」。

8. 信用卡是傳統先付款後交貨概念的反向概念。傳統的銷售方式是先付款，然後交付產品。信用卡的概念是上述流程的反向概念。

9. 標竿最差的情況，而非是最佳的案例。

10. 黑底白字的書。「BeachBook」是一種黑底白字的書，與一般白底黑字的書反向概念。

11. 申請專利不用錢：蘇聯政府付錢給申請專利的發明家，以促進創新。

12. 讓學生自己上網查問題的資料，小組討論，來得到處理老師指定問題的答案，而不是老師講答案學生聽答案來學習。

9.2 編號 14 非直線性（NON-LINEARITY）

一、子原理（策略和建議）

以下介紹非直線性的子原理。

1. 用非線性結構代替線性結構：考慮使用曲面、球面的零件或系統，代替線性零件（子系統）或系統的線性結構。

2. 用非線性的流程代替線性的流程。

3. 連續流程中的線性或非線性活動。

4. 連續流程中的線性或非線性活動。

5. 使用循環流而不是線性流。

6. 在一個過程中使用迂迴的解決方案。

二、案例（實施的情況）

以下介紹非直線性的案例。

1. 走向客戶的最短路徑。應是繞過組織，點對點直接穿過官僚機構。

2. 團隊領導的輪調。

3. 超級市場使用環狀佈置而非線性。

4. 品質圈：這個概念於 60 年代的日本開始出現，是員工自發性定期開會，解決工作問題的一個小組。

5. 細分市場領域。

6. 圓形工作室。

7. 環型接待桌。

8. 引進環形迴圈的的商業流程（類似重做的流程）。

9. 根據非線性優化流程涉及的資源。

10. 報告中，使用 3D 球型，而非使用 2D 圓球型，來解釋球體。

11. 類似太陽系的部門組織圖。利惠公司的資訊服務部門組織圖類似於一個太陽系，20 位經理的名字出現在一個大圓圈上，許多情況下四個小圓圈與一個大圓圈相交出現。這些小圓圈代表行動團隊，專注某些特定行動。包含客戶服務和商業系統。利惠（Levi Strauss）公司是美國一家私人公司的服裝公司，在全球以其 Levi's 品牌的牛仔布牛仔褲而聞名

12. 迂迴戰術：為了避免與敵人正面交戰造成嚴重損失，採用敵進我退、敵退我進的方式，通過尋找敵人暴露出的間隙，打散敵人，各個殲滅。類似的戰術有：聲東擊西、圍魏救趙。

9.3 編號 15 動態化（DYNAMIZATION）

一、子原理（策略和建議）

以下介紹動態化的子原理。

1. 如果你的系統是靜態的和固定的，使它變動態和可移動。

2. 將你的系統劃分為許多可相對移動的部分。

3. 增加系統內的自由運動程度。

4. 使你的系統（或其子系統）或其超系統不斷改變，且合適於每個操作階段所需的條件。

5. 使你的流程結構更具動態性。

6. 提高那些經歷超系統負面影響或者提高績效的流程活動的動態程
　度。

二、案例（實施的情況）

　　以下介紹動態化的案例。

1. 以彈性組織結構替代固定階層結構。

2. 持續流程改善。

3. 持續學習。

4. 傳統被視為競爭者的組織，現今在特定的專案上可能變成合作者。

5. 流動工廠。

6. 針對每個特定的情況來調整動態流程。

7. 動態改變環境：將會議地點移動到新地點來避免心理慣性。

8. 動畫式的報告替代靜態式的報告。

9. 根據地理上或功能上劃分的獨立業務單元。

10.傢俱展示廊的網路線上購物：客戶可以控制和移動相機，從他／
　她的家用電腦指向商店不同地區的不同產品。

11.手電筒，在燈頭和燈體之間有彈性的鵝頸狀管。

12.老師根據學生段考（國高中生 1 學期大約有 3 次段考）的成績、
　所呈現的學習狀況，調整接下來兩個月上課的內容、重點與進
　度，配合學生目前的程度及時調整上課進度。

9.4 編號16稍微少些或多些（的動作）（SLIGHTLY LESS OR MORE）

一、子原理（策略和建議）

以下介紹稍微少些或多些的子原理。

1. 如果不可能精確地達到系統或流程所需的變更，或者完全達到組織預期的目標，則需要重新組織問題：

   (1) 如何製造或執行少一點，然後達到所需的效果。

   (2) 如何製造或執行稍多一點，以達到所需的效果。

二、案例（實施的情況）

以下介紹稍微少些或多些的案例。

1. 比你所需要的多溝通一些。

2. 目標是讓客戶高興，而非只單純滿足客戶。

3. 如果培訓時間不允許展示所有的教材，減少展示教材的數量，但將所呈現出來的教材教好。而剩下未教的教材可以給予講義，讓學生課後閱讀。

4. 提供一個客戶在商店帶回幾個電子產品到家中測試，然後做出選擇。

5. 如果某個流程有些關鍵且具風險的步驟時，增加資源量以確保該步驟不會失敗。

6. 當銷售較便宜的綠色能源時，不僅要解釋客戶的價值和效果，也

要同時解釋環境問題。

7. 進入新市場時，透過所有媒體：信件，報紙，當地雜誌，當地廣播，地方電視台，廣告牌等，進行「飽和」廣告。「飽和廣告」指的是公司用廣告信息充斥市場的一種策略。雖然這種技術可以產生廣泛的影響力和頻繁的印象，但在極端情況下可能會激怒和疏遠客戶。

8. 如果提前預訂，可享受服務折扣。

9.5 編號 17 另外維度／空間（ANOTHER DIMENSION）

一、子原理（策略和建議）

以下介紹另外維度／空間的子原理。

1. 除了已經使用過的系統或流程維度外，也可使用其他的維度。〔維度是描述物件狀態所需的獨立參數（數學方面）或系統自由度（物理方面）的數量。在物理學和數學中，數學空間的維數被非正式地定義為指定其中任何點所需的最小坐標數。0 維是一點，沒有長度。1 維是線，只有長度。2 維是一個平面，是由長度和寬度（或曲線）形成面積。3 維是 2 維加上高度形成「體積面」。〕

2. 為你的系統，流程或其超系統引入新的維度。

3. 系統或流程中使用多層排列而不是單層排列。

4. 傾斜或重新定位你的系統或超系統空間。

5. 以不同的角度介入系統或流程。

二、案例（實施的情況）

以下介紹另外維度／空間的案例。

1. 在矩陣型組織中由部門經理人主導管理，轉向專案管理人主導管理（反之亦然，取決於現有的市場條件）。

2. 從直向轉換為橫向報告格式。

3. 為供應商／客戶關係引入一個新的增加價值的維度。

4. 多維組織層次結構圖：3D〔例如顯示「硬關係」（傳統工作、朋友等關係）和「軟關係（網路、社群媒體等關係）」〕，或 4D—包含時間或變動要素。

5. 運用 3D 圖進行報告的說明展現，而非 2D 圖。

6. 利用建築物的高度進行多層堆疊，節省地面空間。

7. 水平（同儕）式的溝通。

8. 從外部看一個組織：直接觀察或聘用顧問觀察，或是神秘顧客訪查等。

9. 在專案討論期間改變思考模式（橫向思維）。

9.6 編號 18 共鳴（協調）（RECONANCE／COORDINATION）

一、子原理（策略和建議）

以下介紹共鳴（協調）的子原理。

1. 使你的系統動起來。

2. 使系統產生的動作與其他系統的動作匹配（配合、協調），以達到最理想的執行或協同效果。

3. 匹配兩個不同系統或流程間產生的活動周期。

4. 匹配兩個系統或流程間產生的行動的時間間隔。

5. 匹配兩個相互作用的系統的空間或形狀。

二、案例（實施的情況）

以下介紹共鳴（協調）的案例。

1. 在假期中廣告旅遊保險。

2. 在購買產品期間向客戶提供附加價值的產品服務。

3. 利用策略計劃（政策部署，方針管理等）來選擇合適的頻率，讓組織在這個工作頻率中產生共鳴，從而完成突破性的策略。

4. 客戶休假期間，店內增加休閒產品供應。

5. 在周末增加電影院裡的電影放映數量。

6. 與開發同時進行測試。

7. 在教育期間，將教學與實務專案操作相結合。

8. 使用方針計劃的接球（Catchball）流程來使整個組織活躍起來。
〔接球是一種在組織或團體中進行決策的方法，在這種方法中，想法在整個團體的層次結構和部門中從一個人到另一個人。接球是基於簡單的、非競爭性的接球遊戲，玩家之間互相拋球。接球提供了一種包容性的方式來在公司各級團隊或成員之間共享信息和想法。該過程旨在鼓勵那些在其專業領域之外有想法的人分享

它們。這樣，接球有助於產生可能聞所未聞的好想法。〕

9. 外部電子廣告牌，根據白天或晚上改變廣告內容。

10.「感性」：日語詞語表示產品和用戶之間的共鳴／一致性。

11.指導教授聽到研究生工作忙碌沒有時間做碩士論文時，分享自己讀碩士、博士時做論文所遭遇的困難，研究生瞬間覺得自己沒有那麼辛苦，可以再繼續做論文下去。（這是我的親身經歷）

9.7 編號 19 週期行動（PERIODIC ACTION）

一、子原理（策略和建議）

以下介紹週期行動的子原理：

1. 以週期性流程替代連續性流程。

2. 根據操作條件或超系統的變化，在行動間提出多種的時間區間。

3. 根據操作條件或系統或超系統的變化，動態地改變流程動作的周期性。

4. 在流程操作之間，使用有效的停頓，來執行其他有效的流程活動。

二、案例（實施的情況）

以下介紹週期行動的案例。

1. 電子報（Newsletters）有助於獲得及時的資訊，且不會忘記任何供應商。

2. 確定時間限制並定期執行該任務，代替連續式的任務執行。

3. 在私人門診每位病人的看診時間增加，有助於診斷出病人更多的問題，因而增加收入。

4. 尖峰車流管控計畫可以緩解進出繁忙地區的交通。

5. 不定期審核、查帳。

6. 彈性的儲蓄計畫，提款次數越少，能夠得到支付更高的利息。

7. 24 小時開放的修車服務：顧客夜間來保養汽車，第二天早餐前取回保養好的汽車。隔一段時間後，顧客再夜間來保養汽車，第二天早餐前取回保養好的汽車。顧客週期性的做保養。

8. 在休假期間執行維護工作。

9. 僱用一週工作一天的員工。

10.警告燈閃爍，比連續亮的燈光相比，更能增加注意力。

9.8 編號 20 連續的有利作用（ACTION CONTINUITY）

一、子原理（策略和建議）

以下介紹連續的有利作用的子原理：

1. 使系統中所有流程連續的運作。

2. 消除流程中所有的閒置。

3. 如果在流程中無法避免閒置停頓，考慮使用其他有用的流程活動來填補閒置。

二、案例（實施的情況）

以下介紹連續的有利作用的案例。

1. 奧的斯（Otis）電梯公司對電梯進行持續的線上監控。這是全面維護責任。

2. 24 小時的汽車服務運營：車廠夜間取得顧客汽車保養，隔天早餐前，將汽車歸還顧客。

3. 全天候服務顧客。

4. 在休息時間討論和解決現有的問題或提出新的想法。

5. 超市整天忙碌的員工：當顧客少時，員工做其他工作；當排隊結帳的人數多的時候，員工前來支援收銀台結帳。

6. 在火車或飛機上可使用網路。

7. 終身學習

8. 不間斷的網路：Wi-fi 和 Wi-Max 網路提供不間斷的使用。

9. 信用卡的循環利率 Visa 和 Mastercard 的循環利率。

10. 24 小時全天候的飯店設施。

11. 24 小時全天候的網路銷售系統。

使用大眾運輸交通工具可以持續性的工作。

12. 多工的電腦作業系統。

9.9 編號 21 快速行動（HIGH SPEED）

一、子原理（策略和建議）

以下介紹快速行動的子原理。

1. 快速執行遭受危害行為的整個必要流程：如果系統或物件在某個流程中遭受有害或危險的行為，以快速執行整個必要流程。

2. 盡量減少接觸產生有害影響的超系統的時間：如果你的流程受到超系統產生的有害影響，盡可能減少與超系統接觸的時間。

3. 極快執行出現阻止系統改變之負面影響部分所需的改變：如果改變流程期間出現負面影響而難以對系統進行某些改變，以非常快的速度執行所需的改變。

4. 極快執行出現負面影響的活動：找出流程中出現負面影響的活動，以非常快的速度執行它。

二、案例（實施的情況）

以下介紹快速行動的案例。

1. 非常快速的通過痛苦的重組過程。

2. 快速完成、全面參與（Fast Cycle-Full Participation）：讓整個組織同時迅速參與重大變革，例如組織重組。

3. 在作出決策之前快速製作雛型進行評估。

4. 用快速的基準測試，顯示和關注最關鍵的問題。

5. 短時間的面試包括測試解決問題的能力來評估一個人的直覺技能。

6. 快速短期的學習代替長期的課程。

7. 專注核心功能應急測試顧客反應的新產品雛型開發：倉促應急的新產品雛型開發，專注於核心功能，只是為了盡快研究顧客對新產品戶的反應。

8. 用刀切割細塑膠水管時，非常快速切割以避免水管變形。

9. 神轎過火，抬轎者赤腳踩踏燒紅的木炭，快速踩踏通過。

9.10 編號 22 轉有害為有利（BLESSING IN DISGUISE）

一、子原理（策略和建議）

以下介紹轉有害為有利的子原理。

1. 使用系統，流程或超系統中出現的有害因素或負面影響來達到正面的結果。

2. 透過增加另一個有害因素來消除有害因素。

3. 將有害因素放大到某程度，以避免它對你的系統或超系統造成傷害。

二、案例（實施的情況）

以下介紹轉有害為有利的案例。

1. 把一個問題人員放在他／她可以做好的另一個領域的工作上，而不對原團隊造成問題。

2. 透過對競爭的恐懼，消除對變革的恐懼。

3. 彙整顧客的抱怨來改進產品。

4. 以挑釁的方法激發新想法。.

5. 如果貨物無法準時的供應，則更加地限制貨物供應量以創造稀少價值。

6. 通過引入低成本的轉運點以及市區高價的停車費用來防止城市交通壅塞。

7. 「如果你想增加成功率，就先加倍失敗率吧！」，IBM 創始人湯瑪斯 ‧ 華森（Thomas J. Watson）。

8. 網站上的單字故意拼錯以製造有趣效果，吸引讀者目光。

9. 利用生產排出的熱氣產生電力。

10.教師拿學生做錯的作業，來說明有哪些常犯的錯誤，以避免後面學生再次犯下同樣錯誤。（這是我的親身經歷）

9.11 編號 23 回饋（FEEDBACK）

一、子原理（策略和建議）

以下介紹回饋的子原理。

1. 在你的系統或你的系統與超系統之間引入回饋。

2. 如果回饋可用，但效果不夠好，考慮根據運行條件改變回饋元件或結構使其動態化。

3. 如果已知可能會出現負面影響，考慮創造可啟動負面回饋循環的

條件，以消除這種負面影響或降低有害後果。

4. 增加現有回饋的強度和規模。

二、案例（實施的情況）

以下介紹回饋的案例。

1. 統計製程管制（Statistical Process Control, SPC）：測量和統計分析決定需要改善流程的時間和地點。

2. 顧客電子佈告欄。

3. 客戶調查

4. 與客戶共同進化的行銷（Amazon.com）

5. 自動追蹤網路系統提供有關客戶的資訊。

6. 提供新的非營利服務，有助於激勵客戶提供回饋。

7. 透過無線射頻（RFID）識別標籤來追蹤產品的移動狀況。

8. 透過提供建議的方式來增加客戶的回饋。

9. 部落格幫助公司獲得讀者的回饋。

10. 美國已經建立環境監測系統：每個區域都有一個限制，所有工廠的有害成分的總排放量。因此，要在限制之內，企業之間要互相監督。

11. 在「創新機會辨識」課程中，教師聽學生報告所做的作業，之後給予哪裡做得好，哪裡可以做得更好的回饋，讓學生下課後再修改作業再繳交。（這是我的親身經歷）

9.12 編號 24 中介物／媒介（INTERMEDIARY）

一、子原理（策略和建議）

以下介紹中介物／媒介的子原理。

1. 使用中間載體提供必要的功能或消除負面影響，同時保持正向功能。

2. 檢查可用的資源是否可以當作中介物質。

3. 暫時將你的物件／系統與提供所需行動的外部物件／系統合併，然後在必要時消除外部系統／物質。

4. 暫時將你的流程與可提供所需行動的外部流程進行合併。

5. 如果問題來自於兩個系統（因素）間的相互作用，則引入一個新的中介系統，它是第一個或第二個系統的修改。修改應從廣義上理解：可以是材料，特性，能量或其他類型的修改。

二、案例（實施的情況）

以下介紹中介物／媒介的案例。

1. 公司僱用知名人士來大量廣告產品。

2. 開發產品的公司使用其他公司作為配銷公司，已經擁有客戶基礎。

3. 公司僱用可以提供公司無法提供的特殊技能的外部顧問。

4. 加盟商作為企業願景和客戶間的中介。

5. 透過將軟體預裝在電腦上來銷售軟體。

6. 荷蘭皇家航空公司的集線（Hub）概念：運用短程轉機，將德國、

英國等長途乘客吸引到荷蘭再搭荷蘭皇家航空公司飛機做長途飛行。〔荷蘭皇家航空（KLM，荷蘭語：Koninklijke Luchtvaart Maatschappij N.V.，直譯「皇家航空公司」，目前的全球形象以 KLM Royal Dutch Airlines 為自稱，常見的非正式中文名稱為荷蘭航空）〕

7. 聘請外部調解人協調兩家公司之間的糾紛。

8. 在尖峰時期聘用臨時外部人員。

9. 為了改善和供應商之間的溝通，廠商建立一家新公司由供應商和廠商雙方人員組成，該新公司提供雙方之間的窗口。

10. 讓顧客開心，使顧客變為產品或服務的廣告者。

11. 使用現有的網路支付系統取代開發自己的系統。

12. 夫妻冷戰，讓小孩傳話，以避免許多日常運作無法進行。

13. 教師教學生查詢網路上英文資料庫時，利用網頁上即時翻譯功能，讓英文不好學生，也能查英文資料庫。（這是我的親身經歷）

9.13 編號 25 自助／自我服務（SELF-SERVICE）

一、子原理（策略和建議）

以下介紹自助／自我服務的子原理。

1. 系統或其子系統必須自行完成協調、調整和修復作業。

2. 使用系統中（例如：公司內部）可用或浪費的資源來達成所需的自我服務。

3. 使用系統超系統中（例如：公司外部）可用或浪費資源，以達到所需的自助服務程度。

4. 思考運用流程中已有的可使用活動來爲其他活動提供服務。

二、案例（實施的情況）

　以下介紹自助／自我服務的案例。

1. 品質圈是員工自發性定期開會，解決工作問題的一個小組。

2. 生物可分解的包裝。

3. 品牌形象循環：哈佛商學院培養出許多優秀人才；這些人提高了學校的聲譽；因此很多人申請哈佛商學院；因此他們只錄取很聰明的人；錄取聰明的人等於畢業聰明的人；所以形成自我增強的圈子。

4. 重聘有經驗的退休職工。

5. 如果客戶交回產品問卷調查，提供客戶價格折扣。

6. 工業生態系統：例如工廠中一個作業產生多餘廢熱，能夠提供另一個作業所需的能源。不同流程中，水被重複使用等等。

7. 首先找到已經可用的資源瞭解是否可以提供此功能，而不是尋找一個外部系統來提供所需的功能。

8. 網路軟體更新：檢查網路更新狀況，一旦發現新的版本，自動更新軟體。

9. 指導教授在 2022 年 1 月提供某位在國小任教之研究生，她碩士論文所要採用方法的線上教學錄影與學姊碩士論文，研究生利用寒

假不用像平常要做教學工作，自己把線上教學錄影看完，2022 年 3 月就自己將完整的碩士初稿完成了。（這是我的親身經歷）

9.14 編號 26 使用複製品或模型（USE OF COPIES AND MODELS）

一、子原理（策略和建議）

以下介紹使用複製品或模型的子原理。

1. 如果你需要進行某些可能會損壞到易碎或昂貴的系統或子系統的操作，先使用簡易且便宜的複製品執行。
2. 如果你需要進行某些設施是難取得、複雜、昂貴或危險的系統或子系統採取某些措施，先使用其複製品取代。
3. 如果所需的流程過於複雜且具風險性，則使用該流程的簡易版進行實驗。
4. 使用虛擬圖像代替真正的實體系統／物件。
5. 使用系統的虛擬模型。
6. 在啟動一個複雜的流程前，先用簡易的複製品進行實驗。

二、案例（實施的情況）

以下介紹使用複製品或模型的案例。

1. 快速建立商業流程；模擬商業模式。
2. 用數值模擬做運營分析（虛擬業務發展，策略規劃建模）。

3. 透過使用產品的模型或原型代替產品來研究客戶的反應。

4. 商業流程的建模有助於揭示流程中的不一致性。

5. 客戶行為建模有助於建立可能的市場演變情況。

6. 功能性企業建模有助於揭示新服務的潛在資源。

7. 快速變化的市場中採用臨時性任務編組的組織結構。

8. 使用飛行模擬器可降低培訓飛行員的成本。

9. 可以通過測量陰影，確定物體的高大。

10.使用全尺寸大小的模型車在其他國家展示。

11.餐廳外面提供餐點照片讓顧客更清楚餐點的具體內容。

9.15 編號 27 廉價與短期〔拋棄式〕用品（Cheap and Short Life）

一、子原理（策略和建議）

　　以下介紹廉價與短期用品的子原理。

1. 用便宜的系統取代昂貴的系統或子系統。

2. 把流程拆解成一系列短期的廉價活動，而不是漫長而持續的昂貴活動。

二、案例（實施的情況）

　　以下介紹廉價與短期用品的案例。

1. 變化快速的市場中採用臨時性任務編組的組織結構，例如：對於

處於快速發展階段的電子商務規模結構進行優化並不需要，因為環境一直快速改變。

2. Swatch 衣服的行銷口號：「換衣服嗎？換 Swatch 吧！」。〔表示 Swatch 衣服是便宜多樣的〕

3. 拋棄式的相機，手機等

4. 拋棄式尿布，免洗湯匙、杯子等

5. 許多便宜的小廣告，而非單一昂貴的大廣告。

6. 僱用學生來做不需要正式資格的工作。

7. 打破單一長時間的腦力激盪，而將長時間切割成數個較短的時段以達到更多的效果。

8. 使用快速建成的模型，僅測試了解甚少的需求功能，來得知哪些需求功能是真的必要和哪些為非真的必要，而非從雛形發展出一個成本昂貴的完整系統來試用。

9.16 編號 28 替換系統運作原理／使用其他原理（PRINCIPLE REPLACEMEN）

一、子原理（策略和建議）

以下介紹替換系統運作原理的子原理。

1. 如果系統或其子系統無法達到所要求的績效或準確程度，思考用新的運作原理（商業模式）來替換原本工作原理，以達到所需功能或績效。

2. 檢查是否可以在不更換系統、子系統或流程的情況下取代系統、子系統或流程背後的基本運作原理。

3. 增加新的子系統到系統或新的活動到流程，以新的運作原理，來達成所需功能。

4. 檢查你的系統、流程或超系統，是否已經有基於新原理所需的資源，並使用它來達到所需的功能。

二、案例（實施的情況）

以下介紹替換系統運作原理的案例。

1. 電子投票。

2. 信用卡取代現金交易。

3. 使用手機進行付款。

4. 多媒體展示。

5. 產品研發專業人員參與市場行銷，來尋找新的觀點和想法。

6. 學習不是在課堂上進行，而是直接在現場進行。

7. 故障維修單取代電話叫修。

8. 使用移動設備進行遠端監控和無線傳輸資料收集，取代過去的手寫筆記。

9. 3M 公司的創新：詢問顧客來提出產品的創新改變。

10. CEO 汰換政策：透過將 CEO 的職能分配到董事會其他成員的方式，來模擬新的策略性決策。

11. 語音辨識減輕機械式打字、誤打，然後後退刪除的行為。

12. 學生上課無法保持專注聽課，於是改為用桌遊來學習相關知識。

9.17 小結

　　經由商業管理發明原理的做法與案例，可以幫讀者更容易構想出許多解決問題的點子方案，有許多解決問題的點子方案，才能評選出最佳點子方案的順序，讓研究者能從最佳的點子方案開始執行，使成功解決問題的機會較大。因為 40 個發明原理一次在一章介紹，對讀者可能知識的負擔比較重，所以這章介紹第二類為「操作類」的第 13-28 個發明原理。

　　在此以簡單的口訣來幫助讀者記憶順序：

不同方向的做法

非直線性的做法

增加動態的程度

稍多稍少的行動

使用其他的維度

匹配以達好效果

週期替代連續性

消除所有的閒置

快速行動減害處

轉變有害為有利

引入或增加回饋

中介物減惡增善

老天幫助自助者

使用簡易複製品

廉價短效的做法

使用其他新原理

9.18 實作演練

1. 請問「操作類」發明原理（第 13-28 個）你最喜歡的是哪 4 個？
   請說明最喜歡這 4 個發明原理的原因。
2. 選你最喜歡的第 1 個發明原理，寫出 2 個自己覺得符合子原理的
   自己案例，並說明你覺得符合的理由。
3. 選你最喜歡的第 2 個發明原理，寫出 2 個自己覺得符合子原理的
   自己案例，並說明你覺得符合的理由。
4. 選你最喜歡的第 3 個發明原理，寫出 2 個自己覺得符合子原理的
   自己案例，並說明你覺得符合的理由。
5. 選你最喜歡的第 4 個發明原理，寫出 2 個自己覺得符合子原理的
   自己案例，並說明你覺得符合的理由。

參考文獻：

1. Valeri Souchkov. (2017). Business and Management Systems and Applications: 40 Inventive Principles with Examples, ICG Training & Consulting, Enschede, The Netherlands.

第十章 「對象類」發明原理（第 29-40 個）

這裡的商業管理發明原理，是依照 Valeri Souchkov 2017 年提供之材料翻譯整理而來，並局部增加一些案例。

10.1 編號 29 流動性和靈活性（FLOWS AND FLEXIBILITY）

一、子原理（策略和建議）

以下介紹流動性和靈活性的子原理：

1. 透過引入連續的流動，來增加系統或流程中的流動性：資訊、溝通、經驗和專業知識交流等。

2. 建立或增加系統與超系統間的流量。

3. 使系統的一些子系統能夠在整個系統中流動。

4. 流動性可以透過數個較小的非流動體物件以流動體的方式一起運作達成。

5. 讓系統根據不同的要求彈性有效地運作。

6. 提高流程或特定活動的彈性。

二、案例（實施的情況）

以下介紹流動性和靈活性的案例。

1. 決策過程中的「模糊邏輯」比「固定邏輯」靈活，更有彈性。〔「固定邏輯」比「模糊邏輯」明確〕

2. 傳統上被視為競爭者的組織，可能成為特定專案的合作者。這在航空產業日益增多；在這一領域誰和誰一起工作，有更多流動的方式。

3. 在數個業務部門間分享專業人才。

4. 彈性工時。

5. 整個企業組織中必要的資訊流通。

6. 與客戶建立流動性的溝通管道。

7. 建立多元的溝通管道，讓資訊直接流向組織的需要點。

8. 快速適應和調整的服務結構，以滿足客戶不斷變化的需求。

9. 教師每週在 Tronclass 教學平台放上課程補充教材，讓學生利用時間觀看，經過一段時間做檢測，顯示許多學生對課程的理解增加了。（這是我的親身經歷）

10.2 編號 30 改變邊界條件（BORDER CONDITIONS CHANGE）

一、子原理（策略和建議）

以下介紹改變邊界條件的子原理：

1. 使用「薄層」來分離系統或子系統與超系統。

2. 只削弱表面層的特性，而非削弱整個系統的特性。

3. 運用彈性、較小的薄層當作外層，來增加物件或系統所需的功能或特性。

4. 使用彈性外殼和內部空心的薄結構，而非複雜且龐大的三維實體結構。

5. 引入薄的阻隔層來區分不同的流程活動。

二、案例（實施的情況）

以下介紹改變邊界條件的案例。

1. 透過一對一（單一員工對一位顧客）客服，顧客可以輕鬆獲得所有必要的資料，從而加快客服速度，因此客戶只需要面對組織中單一彈性的組織，而不是整個龐大的組織。

2. 卡片交易取代現金交易，例如：公司的自動販賣機使用員工證可以直接從工資中扣帳。

3. 在開放工作區的辦公室職員，如果需要集中精神而不是交流時，可以使用彈性的窗簾將自己與開放區域隔開。

4. 使用商業秘密的方法，將公司專有知識與一般知識分開。

5. 運輸易碎產品時，使用氣泡膜或泡沫狀材料保護。

10.3編號 31 孔洞和網路（HOLES AND NETWORKS）

一、子原理（策略和建議）

以下介紹孔洞和網路的子原理。

1. 透過引入孔洞的概念，讓你的系統或其子系統變成多孔狀。

2. 如果你的系統是多孔狀的，填充其他子系統到孔洞裡，以提供不同的功能或達到預期的結果。

3. 在系統中引進網路型組織結構。〔網路結構是一種很小的中心組織，依靠其他組織以合同為基礎進行製造、分銷、營銷或其它關鍵業務的經營活動的結構。〕

4. 引入過濾層機制來減少超系統或其他子系統有害因子的影響。

5. 在流程中引入一些可以填入不同內容的孔洞。

二、案例（實施的情況）

以下介紹孔洞和網路的案例。

1. 公司中面對客戶的第一線人員，可做為進出組織資訊的過濾者。

2. 像 3M 公司、Google 公司允許員工每週花工作時間的 15%～25% 做個人專案。

3. 短暫且多次的休息有助於長時間維持高專注力。

4. 創建客戶網絡，讓他們獨立與你溝通。

5. 透過建立所有層級都可使用的內部網路交流；讓員工都能夠與總

經理接觸，反之亦然。（矩陣組織）

6. 智能輔導系統。需要多漏洞的，且故意做錯，降低到學生的知能水平。可以模擬學生的學習狀況，幫助輔導學生。

7. 第一節課上課教師提出的問題都沒有學生回答，第一節下課時教師找其中一位之前比較有回答問題的學生瞭解原因是這節課所提到的與大家的生活經驗比較沒有交集不知道如何回答，於是請該學生第二節能先回答 1-2 個問題，答錯也沒關係，教師也會找與大家的生活經驗比較接近的問題讓回答，第二節安排的學生先回答 1-2 個問題，激勵了許多學生開始回答問題。（這是我的親身經歷）

10.4 編號 32 改變外觀／可見度（VISIBILITY CHANGE）

一、子原理（策略和建議）

以下介紹改變外觀的子原理。

1. 將系統不同元件相對於其他子系統或超系統的可見度改變。

2. 盡可能改變系統、子系統或超系統的顏色。

3. 使用不同的顏色來標示不同的元件或功能。

4. 改變系統、子系統或超系統的透明度。

5. 使你的流程或其他部分盡可能透明。

6. 顯示子系統／系統／過程的區分特性。

二、案例（實施的情況）

以下介紹改變外觀的案例。

1. 組織透明化

2. 確保每位員工在需要時都能接觸到執行長。

3. 顧客運輸流程的透明度。

4. 運送流程中的追蹤功能。

5. 流程步驟透明化：可以根據狀況決定是否跳過該步驟。

6. 在圖表中用不同的顏色來標示。

7. De Bono 的六頂思考帽的方法，以不同顏色來辨別思考流程中的不同角色。

8. 在機場使用不同的顏色來辨別不同的等級（經濟、商務艙等）；或用不同的標示來標誌。

9. 商業系統的某些功能動態的出現或隱藏。

10.網絡協作軟件中使用不同的顏色來吸引對改變狀況的注意力。

11.使用不同的顏色來標示不同的客戶團體。

12.在電腦程式中，以項目半透明的方式，顯示該項目在當前不可使用。

13.特別關注新功能或競爭優勢。

10.5 編號 33 同質性（HOMOGENITY）

一、子原理（策略和建議）

以下介紹同質性的子原理。

1. 讓你系統中相互作用的物件或零件都具有相同或相似的特性。

2. 採用許多同類物件組成系統。

3. 使超系統與系統的某些部分具同質性。

4. 使你流程與超系統互動的部分，和超系統同質。

二、案例（實施的情況）

以下介紹同質性的案例。

1. 同地協作專案團隊。

2. 系列產品。

3. 波音「團隊合作」：將客戶和供給商帶入產品設計循環裡。

4. 將具有相似能力的成員聚集在一起開研討會。

5. 讓客戶了解公司做事的方式。

6. 教導你所營運地區的供應商，以更加了解你的業務。

7. 將領先使用者帶到產品／流程設計的團隊。

8. 把公司的專家帶到客戶所在地像客戶一樣行動。

9. 讓傢俱行的銷售展示區看起來像客廳一樣。

10.在遊樂場販售玩具獲得的效果比在一般商店還要好。

11.教育所有公司員工，公司活動的核心觀點。

12.商業育成中心：提供同質環境促進協同合作。

13.讓具有相似能力和背景的人在階段審查流程的交介面互動。

14.住家附近的火雞肉飯，買便當可以選 3 樣配菜，在 2021 年底之前，提供大約 18 樣配菜，讓顧客選擇，2022 年初之後，逐漸減少配菜數量，到 2022 年底時候，提供大約 8 樣配菜，讓顧客選擇，選擇少了，顧客選菜的時間縮短可加速賣便當速度，準備食材成本與時間也大幅減少。（這是我的親身經歷）

15.安排目前做論文進度比較落後的研究生，一起分享做論文所遭遇的困難與自己想到或開始做的處理方法，經過 4 小時，這些分享過的研究生覺得自己不是孤軍奮戰，心靈得到力量，也得到許多處理問題的參考方式，覺得收穫很多，能夠再比較有效率的做論文下去了。（這是我的親身經歷）

10.6 編號 34 丟棄與恢復（DISCARD AND RECOVER）

一、子原理（策略和建議）

以下介紹丟棄與恢復的子原理。

1. 如果你的系統必須包含某個只在特定情況運作的子系統，考慮將這些部分是否可僅在必要時引入系統，而不需要時則將該部分移除。

2. 思考一個活動是否每次你的流程運轉時都有需要，如果不是，則將此活動只在需要時納入流程中。

3. 如果系統的子系統帶有變得不需要的功能或產生負面影響，那麼消除或修改此子系統以避免負面影響。

4. 將子系統添加到系統中，讓系統中不必要的部分自動消除。

5. 在操作流程中修補系統中消耗的子系統。

二、案例（實施的情況）

以下介紹丟棄與恢復的案例。

1. 彈性的，大小可變的專案團隊。

2. 為讓負載／產能平衡而使用契約勞工。

3. 雇用外部顧問。

4. 過渡期的管理。

5. 在商業流程中動態地出現和消失的活動。

6. 外包並海外開發。

7. 為特定事件選擇短期的商業夥伴。

8. 定期重振活力，持續改進（激勵、注入熱情）

9. 吸收退休員工來平衡工作量。

10. 火箭推進器在發揮功能後就分開。

11. 提供可以透過丟棄或增加來重組的服務項目

10.7 編號 35 改變特性（PARAMETER CHANGE）

一、子原理（策略和建議）

以下介紹改變特性的子原理。

1. 適當地改變系統特性。

2. 尋找一個現有且可用的資源，該資源可以提供部分開發的系統或流程，替代重新開發新的昂貴系統或流程。

3. 改變系統的彈性程度。

4. 必要時改變系統或子系統的（物理）狀態。

5. 運用複製品、模型、廉價的物件來代替昂貴的實體物件，反之亦然。

6. 改變系統／物件的專注或一致性。

7. 改變情緒特徵參數。

8. 改變視覺特性。

9. 改變其他感官參數。

二、案例（實施的情況）

以下介紹改變特性的案例。

1. 虛擬原型設計。

2. 根據項目的階段和狀況，增加或縮減專案團隊的規模。

3. 生產新產品前，先將市場升溫。

4. 現有的網絡電話系統（Skype）被做為一個平台，以發展成一種能

夠便宜撥打長途電話的網路系統。

5. 在現有網路的目錄加入智力（例如，第一代目錄是早期的紙本型錄轉變成線上，最新一代型錄包括搜尋引擎，專家系統等等）。

6. 超市透過散發麵包香氣來宣傳麵包產品。

7. 改變進行問題解決會議的環境。

8. 壓力鍋式的會議

10.8 編號 36 模範轉移（PARADIGM SHIFT）

一、子原理（策略和建議）

以下介紹使用模範轉移的子原理。

1. 使用超系統中的宏觀現象來傳遞模範到系統（改變系統）。

2. 使用外部推力因素來達成系統或流程所需的改變。

3. 創建內部推力因素，以達成系統或流程中所需的改變。

二、案例（實施的情況）

以下介紹使用模範轉移的案例。

1. 瞭解專案不同階段的需求：概念，構想、發展、成熟、退休等（例如，人力需求的轉變，預算需求的轉變）。

2. 運用模範轉移來執行商業重組。

3. 在你的領域長期追蹤和適應宏觀變化。

4. 在新興市場建立合資企業。

5. 動態調整管理諮詢（企業診斷）來回應市場變化：諮詢衰退期如何縮小公司規模；蓬勃發展期如何擴大公司。

6. 學習團隊發展階段的模範：美國心理學教授布魯斯‧塔克曼（Bruce W. Tuckman）提出團隊發展階段理論（Tuckman's stages of group development），認為團隊發展會經過四個階段，在試探、衝突、適應與協調整合後，團隊才能有良好的績效表現。而判斷目前團隊正處於何種發展階段，對於領導者來說十分關鍵，因為這樣較容易判定當下應如何分配資源，選擇哪類型的訓練、領導方式。例如在風暴期領導者重點為衝突管理、EQ 掌握、問題解決。

7. 安排入學後一年畢業的學姊，回學校到「系統化商業管理創新」課程，向學弟妹分享如何做到一年畢業，激勵了許多學生開始規劃與進行碩士論文。（這是我的親身經歷）

10.9 編號 37 相對變化（RELATIVE CHANGE）

一、子原理（策略和建議）

以下介紹相對變化的子原理。

1. 使用系統不同組件之間已經存在的差異來達到正面效果。
2. 使用動態的擴張收縮效果。
3. 合併系統相似特性的兩個組件，以達到整體綜合效果。
4. 增加或減少流程中某些活動的時間。
5. 彈性地改變不同流程活動間的資源分配。

6. 運用在超系統進行中的改變來達成正向效果或修改你的系統或流程。

二、案例（實施的情況）

以下介紹相對變化的案例。

1. 根據產品的銷售率和盈利率來擴大或縮小行銷工作。

2. 市場動盪期間應用高風險和高穩定性組合投資策略。

3. 合併員工的不同技能和能力創造臨時跨功能團隊。

4. 如果員工被激勵，每個人都可以在他們之間的擴大空間做更多事情。

5. 使用不同的消費者偏好來創造個人化產品和解決方法。

6. 顧問公司根據當時客戶的重點和優先關注點，及時地為客戶提供特定服務。

7. 必要時，僱用經驗豐富的短期員工來擴展業務部門規模。

8. 與競爭對手短期聯手以得到大的公司客戶。

10.10 編號 38 增強的環境（ENRICHED ENVIORNMENT）

一、子原理（策略和建議）

以下介紹增強的環境的子原理。

1. 在增強的環境中，執行所需的流程或活動。

2. 透過將某些元件帶到環境中，為系統創造一個增強的環境，以提高系統性能或協助達到預期效果。

3. 修改系統環境中的元件，以提高系統的性能或協助達到預期的效果。

二、案例（實施的情況）

以下介紹增強的環境的案例。

1. 研討會上的大牌主講嘉賓。

2. 使用模擬或遊戲的方式而不是講課方式的訓練。

3. 在協商期間，邀請獨立的專家或協調人。

4. 承擔風險與收益的合夥。

5. 在培訓室的視覺展示。

6. 運用 LCD 螢幕在等待區提供資訊。

7. 邀請外部專家參加內部圓桌討論。

8. 針對產品優勢細分市場，對產品效益已經有認識的客戶進行行銷。

9. 利用內部該領域的專家。

10.在唱片行播放音樂。

11.超市透過散發麵包香氣來宣傳麵包產品。

12.餐廳的開放式廚房。

13.在實際的環境中進行產品展示。

14.在網路商店為客戶提供如何使用產品的影片。

15.直銷公司的產品發表與創業說明會，邀請許多使用產品改善家人

健康、投入直銷賺許多錢的成功人事現身說法，塑造美好人生未來的氣氛，吸引新人加入。（通常訴求改善健康的產品對不同體質、病情、生活習慣會有不同效用程度，甚至有效無效的比例差不多）

16. 教師提供湖口軍營碩士在職班選修創新課程學生（非遠距教學課程），所上課程單元的錄影，讓學生除了當場聆聽老師的教導之外，還增加再次學習的機會。（這是我的親身經歷）

10.11 編號39鈍性（惰性）環境（INERT ENVIRONMENT）

一、子原理（策略和建議）

以下介紹鈍性環境的子原理：

1. 將系統（或子系統）的現有環境改為惰性環境。
2. 將系統（或子系統）置入「眞空」（隔離）環境。
3. 將你的系統或流程從環境中隔離。
4. 如果可能的話，從系統環境中移除那些對系統功能產生負面影響的元件。
5. 在系統或物件加入中性的元件。
6. 在流程中加入休息。

二、案例（實施的情況）

以下介紹鈍性環境的案例。

1. 改變（一般的）破壞性績效評估、優秀獎勵和獎勵環境，轉變爲（情緒中立）更公平的工作實務系統。

2. 在艱難的談判中使用中立的第三方。

3. 談判期間的休息時間。

4. 某些百貨公司專櫃設立隔音區（賣藝術品等）。

5. 在電腦程式中加入「空」變數。

6. 爲了防止棉花在倉庫中起火，在運輸到儲存區域時，會使用惰性氣體進行處理。

7. 在二次世界大戰後，美國人試圖利用德國的化學專利。令他們驚訝的是，許多流程並沒有在專利中描述出來。美國人後來才意識到有些有價值的資訊已被有意從專利中省略了。

10.12 編號 40 組合（複合）結構（COMPOSITE STUCTURES）

一、子原理（策略和建議）

以下介紹組合結構的子原理：

1. 創造複合系統，由較小的系統或具有不同或偏離特性的組件組合而成，而非都是同樣特性組件來組成。

2. 由相反特性的系統或物件來創造一個複合系統。

3. 以不同屬性的多層組合創造一個複合系統。

4. 連接兩個相異的流程或活動。

5. 創造相異功能、技術和能力的組合。

二、案例（實施的情況）

以下介紹組合結構的案例。

1. 合資。

2. 網路組織。

3. 複合網路。

4. 使用多媒體展示產品。

5. 多學科專案小組。

6. 多元文化創新團隊。

7. 結合高／低風險的投資策略。

8. 共同品牌和共同行銷。

9. 顧客導向創新。

10.讓領先用戶參與開發流程。

11.談判團隊裡包含強硬與柔軟的人。

12.透過培訓加強發展能力。

13.通過講座、模擬、線上學習、教學影片等方式進行培訓。

14.在一個團隊中使用具有不同人格特質的人（例如 Myers-Briggs 性格分類理論模型測試）。

15.研發暨行銷部門（兼具研發與行銷功能），不是單純個別的研發和行銷部門。

10.13 小結

　　經由商業管理發明原理的做法與案例，可以幫讀者更容易構想出許多解決問題的點子方案，有許多解決問題的點子方案，才能評選出最佳點子方案的順序，讓研究者能從最佳的點子方案開始執行，使成功解決問題的機會較大。因為 40 個發明原理一次在一章介紹，對讀者可能知識的負擔比較重，所以這章介紹第三類為「對象類」的第 29-40 個發明原理。

　　在此以簡單的口訣來幫助讀者記憶順序：

增加流動與靈活

改變邊界的狀況

引入孔洞和網路

改變對象的外觀

互動物件用同質

丟棄與恢復彈性

為需要改變特性

學習先進的做法

使用相對的變化

增強環境好做事

鈍性環境減負面

組合各類成結構

10.14 實作演練

1. 請問「對象類」發明原理（第 29-40 個）你最喜歡的是哪 3 個？請說明最喜歡這 3 個發明原理的原因。

2. 選你最喜歡的第 1 個發明原理，寫出 2 個自己覺得符合子原理的自己案例，並說明你覺得符合的理由。

3. 選你最喜歡的第 2 個發明原理，寫出 2 個自己覺得符合子原理的自己案例，並說明你覺得符合的理由。

4. 選你最喜歡的第 3 個發明原理，寫出 2 個自己覺得符合子原理的自己案例，並說明你覺得符合的理由。

參考文獻

1. Valeri Souchkov. (2017). TRIZ and Systematic Innovation: Techniques and References for Business and Management, ICG Training & Consulting, Enschede, The Netherlands

國家圖書館出版品預行編目資料

商業管理萃思（TRIZ）理論與實務：讓你發明
新的服務／林永禎編著. ——初版. ——臺北
市：五南圖書出版股份有限公司, 2023.07
　　面；　公分
ISBN 978-626-343-989-4（平裝）

1.CST: 商業管理　2.CST: 創造性思考

494.1　　　　　　　　　　　112004383

5AF3

商業管理萃思（TRIZ）理論與實務：讓你發明新的服務

作　　者 ― 林永禎（119.8）

發 行 人 ― 楊榮川

總 經 理 ― 楊士清

總 編 輯 ― 楊秀麗

副總編輯 ― 王正華

責任編輯 ― 張維文

封面設計 ― 姚孝慈

出 版 者 ― 五南圖書出版股份有限公司

地　　址：106台北市大安區和平東路二段339號4樓

電　　話：(02)2705-5066　　傳　　真：(02)2706-6100

網　　址：https://www.wunan.com.tw

電子郵件：wunan@wunan.com.tw

劃撥帳號：01068953

戶　　名：五南圖書出版股份有限公司

法律顧問　林勝安律師

出版日期　2023年7月初版一刷

定　　價　新臺幣600元

經典永恆・名著常在

五十週年的獻禮——經典名著文庫

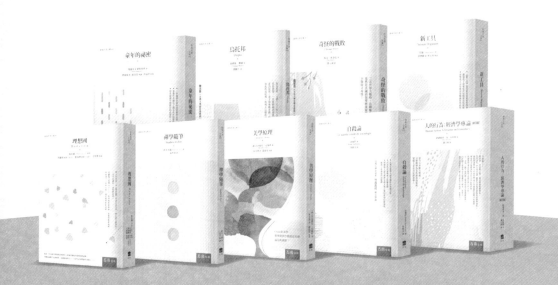

五南，五十年了，半個世紀，人生旅程的一大半，走過來了。

思索著，邁向百年的未來歷程，能為知識界、文化學術界作些什麼？

在速食文化的生態下，有什麼值得讓人雋永品味的？

歷代經典・當今名著，經過時間的洗禮，千錘百鍊，流傳至今，光芒耀人；

不僅使我們能領悟前人的智慧，同時也增深加廣我們思考的深度與視野。

我們決心投入巨資，有計畫的系統梳選，成立「經典名著文庫」，

希望收入古今中外思想性的、充滿睿智與獨見的經典、名著。

這是一項理想性的、永續性的巨大出版工程。

不在意讀者的眾寡，只考慮它的學術價值，力求完整展現先哲思想的軌跡；

為知識界開啟一片智慧之窗，營造一座百花綻放的世界文明公園，

任君遨遊、取菁吸蜜、嘉惠學子！